네일 & 페디큐어

NAIL LESSON
ⓒ KIHO WATANABE 2004
Originally published in Japan in 2004 by JITSUGYO NO NIHON SHA
All rights reserved.
Korean translation rights arranged with JITSUGYO NO NIHON SHA
through TOHAN CORPORATION, TOKYO. and B&B AGENCY, SEOUL.
Korean translation copyright ⓒ 2005 by Nexus Press, Ltd.

이 책의 한국어판 저작권은 TOHAN CORPORATION 과 B&B AGENCY 를 통해 저작권자와 독점 계약한
(주) 도서출판 넥서스에 있습니다.
저작권법에 의해 한국 내에서 보호를 받는 저작물이므로 무단 전재와 무단 복제를 금합니다.

옮긴이 이은주
한국외국어대학교 일본어과를 졸업하고 일반대학원 일본학과를 수료했으며 만화관련 번역을 주로 했다. 『바사라』『바람의 검심』『봉신연의』『천사금렵구』『원피스』등 다수의 인기 만화서적을 번역하였으며 현재는 다양한 분야에서 전문 통역 · 번역가로 활동하고 있다. 실용서로는 『氣순환으로 생기있는 몸매를 만드는 기공체조』를 번역한 바 있다.

네일 & 페디큐어

지은이 와타나베 키호
옮긴이 이은주
펴낸이 김인숙
펴낸곳 넥서스BOOKS

초판 1쇄 인쇄 2005년 7월 15일
초판 1쇄 발행 2005년 7월 20일

출판신고 2001년 6월 28일 제 311-2002-000003호
122-040 서울시 은평구 불광동 484-141
Tel (02)380-3800 Fax (02)330-5555

ISBN 89-5797-170-X   13590

가격은 뒤표지에 있습니다.

잘못 만들어진 책은 바꾸어 드립니다.

www.nexusbook.com

케어에서
테크닉까지
나만의
네일스타일 40

네일 & 페디 큐어

와타나베 키호 지음 | 이은주 옮김

넥서스BOOKS

Prologue
나만의 색으로 더욱 아름다워지자

이제 쇼핑가에서 네일숍 한두 개를 찾는 건 어렵지 않을 만큼 네일 아트는 많은 여성들의 사랑을 받고 있다. 하지만 아직도 '손톱이 미워서' '화려한 손톱은 일하는 데 지장을 주니까' '길게 기르기 귀찮아서' 네일 케어나 네일 아트를 하지 않는 사람들도 많다. 꼭 화려한 디자인으로 꾸미지 않아도, 길게 기르지 않아도 건강하고 아름다운 손톱을 만드는 비법을 배워보자.

손끝에서 패션은 완성된다. 아무리 아름답게 화장하고 스타일 좋은 옷을 입어도 손톱이 미우면 그 부분만 눈에 거슬려 보인다. 손끝은 사람들의 시선이 자주 머무는 곳이고, 자신의 눈에도 제일 먼저 들어오는 부분이다. 그래서 더욱 손이 아름다워지면 자기도 모르게 기분도 상쾌하고 좋아지는 것이다.

이 책에서는 심플한 한 가지 톤의 네일 컬러부터 다양한 색상을 이용한 스타일리시한 네일까지 소개할 예정이다. 비실용적이고 지나치게 장식적인 네일 아트가 아니라 자기 스타일과 어우러진 자연스러운 네일 스타일을 보여주고자 한다. 네일 케어부터 컬러링, 페디큐어까지, 네일에 관한 모든 것을 이 한 권의 책에서 배워 모든 여성이 더욱 아름다워지길 바란다.

와타나베 키호

Contents

Prologue _____ 005

Preparation ǀ 손톱 각 부분의 명칭 _____ 011

PART 1 ___ Basic Care

Equipment 1 ǀ 네일 아트 도구 1 _____ 014
Filing 1 ǀ 손톱 길이 다듬기 _____ 016
Filing 2 ǀ 손톱 모양 다듬기 _____ 018
Cuticle Care ǀ 큐티클 제거 _____ 020
Buffing ǀ 손톱 표면 다듬기 _____ 022
Massage ǀ 마사지 _____ 023
Care FAQ ǀ 손톱 고민 Q&A _____ 024
Column 1 ǀ 손톱 길이 맞추는 비결 _____ 026

PART 2 ___ Coloring

Coloring ㅣ 매니큐어 바르기 _____ 030
Remove ㅣ 매니큐어 지우기 _____ 033
Variation ㅣ 색상에 따른 터치 방법 _____ 034
Quick Fix ㅣ 매니큐어 수정하기 _____ 036
Color Change ㅣ 색상 바꾸기 _____ 038
Repair 1 ㅣ 실크랩을 이용한 손톱 교정 _____ 040
Repair 2 ㅣ 글루필러를 이용한 손톱 교정 _____ 042
Repair 3 ㅣ 내추럴팁을 이용한 손톱 교정 _____ 043
Coloring FAQ ㅣ 컬러링 Q&A _____ 046
Column 2 ㅣ 손톱에 생기는 줄은 스트레스의 증거 _____ 048

PART 3 ___ Technique

French ㅣ 프렌치 _____ 052
Dot ㅣ 물방울 무늬 _____ 053
Stripe & Check ㅣ 스트라이프 & 체크 _____ 054
Marble ㅣ 마블 _____ 055
Seal ㅣ 스티커 _____ 056
Line Stone ㅣ 큐빅 _____ 057
Gradation 1 ㅣ 그러데이션 1 _____ 058
Gradation 2 ㅣ 그러데이션 2 _____ 059
Column 3 ㅣ 큐티클과 루즈스킨 _____ 060

PART 4 __ Design

Simple+BEIGE ｜ 심플+베이지 _____ 064
Cute+PINK ｜ 큐트+핑크 _____ 068
Cool+SILVER ｜ 쿨+실버 _____ 072
Casual+WHITE ｜ 캐주얼+화이트 _____ 076
Gorgeous+LINE STONE ｜ 럭셔리+큐빅 _____ 080
Pedicure ｜ 페디큐어 _____ 084
How to Make ｜ 네일 디자인 _____ 088
Equipment 2 ｜ 네일 아트 도구 2 _____ 092
Column 4 ｜ 스컬프처와 팁의 차이점 _____ 094

PART 5 __ Hand Care

Advice for Simple Care ｜ 핸드 케어 방법 _____ 098
How to Protect Your Hands ｜ 생활 속 주의할 점 _____ 100
Hand Massage ｜ 손마사지 _____ 102
Hand Care ｜ 손에 대한 고민 Q&A _____ 106
Column 5 ｜ 가지고 있으면 유용한 색상들 _____ 108

PART 6 — Pedicure

Basic Care ｜ 발톱 다듬기 _____ 112
Coloring ｜ 페디큐어 바르기 _____ 116
How to Protect Your Feet ｜ 발이 아름다워지는 비결 _____ 120
Foot Care ｜ 각질 제거 _____ 122
Foot Massage ｜ 발마사지 _____ 124
Pedicure FAQ ｜ 페디큐어에 관한 Q&A _____ 126
Column 6 ｜ 손톱을 건강하게 만드는 3대 요소 _____ 128

Preparation
손톱 각 부분의 명칭

프리에지
네일베드에서 이어진 손톱 끝의 하얀 부분

스트레스 포인트
손톱이 피부에서 떨어지는 부분. 금이 잘 가는 부분

네일베드
손톱이 피부와 붙어있는 핑크색 부분

큐티클
새롭게 만들어진 손톱을 보호하는 부분. 조상피라고도 한다

매트릭스
새로운 손톱을 만드는 부분. 조모(爪母)라고도 한다

PART. 1
Basic Care

네일 아트를 시작하기 전에

얼굴 피부가 거칠면 화장이 안 받듯, 손톱도 마찬가지다. 매니큐어를 칠하면 손톱이 선명하고 아름다워진 것처럼 보이지만 손을 자세히 보면 피부가 일어나 있거나 손톱 끝이 울퉁불퉁해 절대 청결하게 보이지 않는다. 네일 아트를 하기 전에 먼저 손톱을 깨끗하게 만들자.

Basic Care

Equipment 1 * 네일 아트 도구 1

파일

손톱을 갈아 다듬는 줄. 거친 면으로는 손톱의 길이를, 부드러운 면으로는 손톱의 모양을 다듬는다. 다양한 파일이 있으므로 용도에 따라 구분해 사용한다.

버퍼

울퉁불퉁한 손톱표면을 정리하는 줄. 하나에 세 종류의 줄 타입이 붙어있는 3-WAY 버퍼가 편리하다.

오렌지 우드스틱

큐티클을 밀어내거나 매니큐어의 삐친 부분을 수정할 때 사용한다.

화장솜

매니큐어를 지울 때 사용한다. 우드스틱에 얇게 말아 쓰기도 한다.

거즈

물기를 닦거나 큐티클을 손질할 때 사용한다. 손가락에 감아 쓰면 큐티클을 부드럽게 제거할 수 있다.

니퍼

큐티클을 손질할 때, 깨끗이 제거되지 않은 피부와 루즈스킨을 제거할 때 사용한다.

큐티클 리무버
큐티클을 제거할 때 사용한다. 각질이 금방 부드러워진다.

큐티클 오일
손톱뿌리 쪽에 발라 건조해지는 것을 막는다. 오일로 손가락을 마사지하면 손톱의 성장이 촉진되고 탄력이 생긴다.

리무버
매니큐어를 지울 때 사용한다. 손톱 보호성분이 들어있는 것이면 더 좋다.

베이스코트
매니큐어를 오래 유지시키고 발색을 좋게 하며 색소침착·건조·손톱이 찢어지는 현상을 방지한다.

리지필러
베이스코트 위에 발라 손톱 줄기를 부드럽게 다듬고 매니큐어 발색을 좋게 한다. 메이크업 베이스와 같은 역할을 한다.

톱코트
컬러링한 뒤에 제일 마지막으로 발라준다. 매니큐어에 윤기를 더하고 오래 유지되도록 보호한다.

Basic Care

Filing 1 　✱ 손톱 길이 다듬기

손톱깎이를 사용하면 손톱에 압력이 가해져, 3중 구조로 이루어진 손톱이 갈라지거나 금이 갈 수 있다. 에머리보드로 꼼꼼하게 갈아야 한다.

1 손톱을 고정시킨다

손을 가볍게 쥐어 에머리보드에 갈 손톱을 올려놓는다. 손톱 끝이 흔들리지 않도록 다른 손가락으로 고정한다.

2 손톱 끝을 간다

손톱 끝을 중심으로 간다. 오른쪽에서 왼쪽, 또는 왼쪽에서 오른쪽으로 일정 방향을 유지하는 것이 포인트. 너무 힘을 주지 않도록 주의해야 한다.

3 손톱 측면을 간다

손톱의 양 측면은 오른쪽에서 가운데로, 왼쪽에서 가운데로 모두 균일한 힘으로 갈아야 한다. 이때 프리에지가 좌우 대칭을 이루는지 체크한다.

Filing 2 ✱ 손톱 모양 다듬기

손톱 끝 모양에 따라 다듬는 법이 조금씩 달라진다. 에머리보드의 사용법을 익혔으면 자신의 손에 어울리는 손톱 모양을 만들어보자

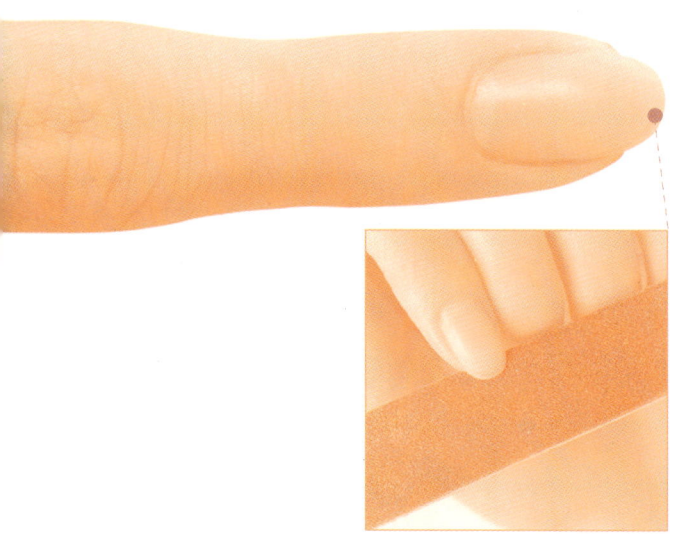

Oval _ 계란형

계란형 손톱은 어떤 손가락에도 잘 어울리는 가장 자연스런 모양이다. 모양을 유지하기 위해선 손질을 자주 해줘야 한다. 둥근 모양을 유지하기 위해 적어도 1주일에 한 번은 케어를 하자.

1 약 30도 각도로 손톱 안쪽에 에머리보드를 대고 일정한 방향으로 간다. **2** 손톱의 양쪽에서 가운데를 향해 간다. 양쪽이 똑같은 각도의 계란 모양이 되도록 에머리보드를 조금씩 움직이는 것이 포인트.

Square off _ 평평한 계란형

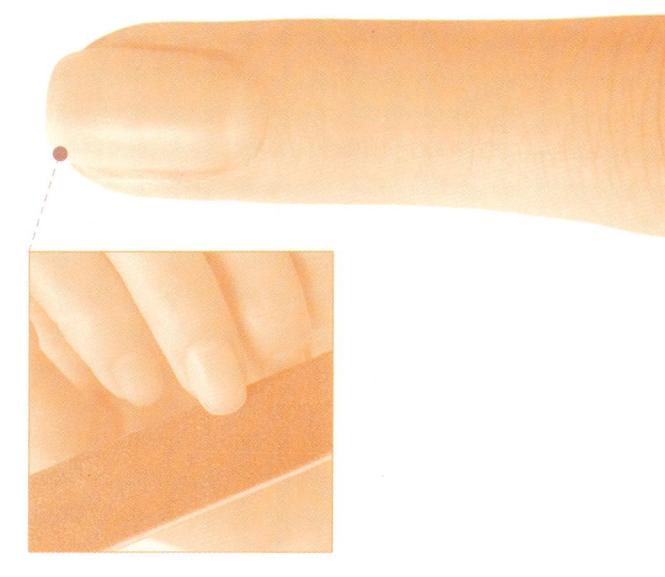

완만한 곡선을 그리며 각을 이루는 이 모양은 튼튼하고 오래 유지되기 때문에 손톱이 잘 깨지거나 길게 기르고 싶은 사람에 적당하다. 손가락이 길어보이는 효과가 있으므로 손톱이 더욱 돋보인다.

1 손톱에 45도 각도로 에머리보드를 댄다. 너무 힘을 줘 손톱에 밀어붙이지 않도록 주의하면서 일정한 방향으로 간다. **2** 측면이 자연스럽게 이어지도록 손톱의 각을 잡는다. 조금씩 갈면서 모든 손톱이 똑같은 모양이 되도록 한다.

Square _ 각진형

직선을 그리는 손톱은 손톱 끝에 힘이 균일하게 가해지므로 잘 깨지거나 갈라지지 않는다. 컴퓨터 작업을 많이 하는 사람에게 적당하다. 너무 길게 기르면 각진 부분이 손상되기 쉬우므로 주의하자.

1 손톱에 90도로 에머리보드를 대고 일정 방향으로 간다. **2** 양 옆의 각이 너무 모나지 않도록 가볍게 간다. 에머리보드를 움직일 때는 가볍게 양쪽 모두 균일한 힘으로 갈아야 한다.

Cuticle Care ✱ 큐티클 제거

손톱뿌리 주변에는 큐티클과 루즈스킨에 해당하는 얇은 피부가 있다. 손톱을 보호하는 부분이긴 하지만 이 큐티클을 그대로 방치하면 손톱 주변의 살이 단단해진다. 무리가 가지 않을 정도로만 부드럽게 제거하자.

1 따뜻한 물에 불리기

40도 정도의 따뜻한 물에 손가락을 담가 큐티클과 손톱 주변을 부드럽게 풀어준다. 목욕할 때나 목욕을 마치고 나서 바로 하면 더욱 좋다. 큐티클이 딱딱한 사람은 뜨거운 물에 조금 더 오래 담그고 있는다.

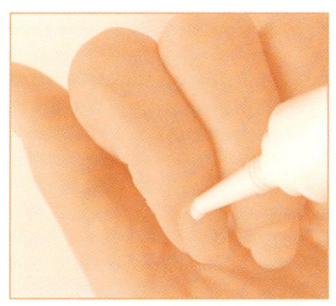

2 큐티클 리무버 바르기

큐티클과 손톱 주변에 큐티클 리무버를 바른다. 큐티클 리무버는 크림 타입, 리퀴드 타입이 있다.

3 큐티클 제거

오렌지 우드스틱에 얇게 화장솜을 감아, 원을 그리며 쓰다듬듯 부드럽게 큐티클을 밀어 루즈스킨을 제거하며 모양을 잡는다.

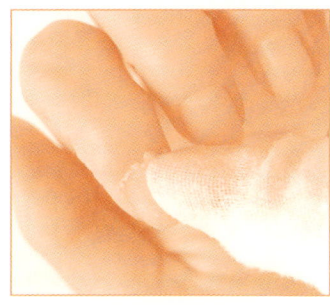

4 큐티클 닦아내기

젖은 거즈를 검지에 감아 원을 그리듯 움직이며 뿌리 쪽에 뭉친 큐티클과 루즈스킨을 부드럽게 닦아낸다.

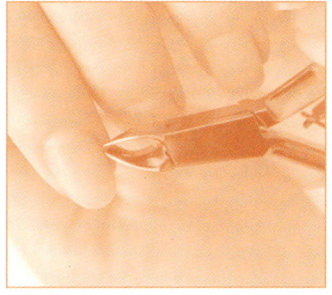

5 마무리

깨끗이 제거가 안 된 작은 큐티클과 각질을 니퍼로 조금씩 제거한다. 너무 바짝 자르면 큐티클이 딱딱해지고, 손톱 주변 각질의 원인이 될 수 있으므로 주의하자.

Buffing * 손톱표면 다듬기

손톱표면이 울퉁불퉁하면 매니큐어가 예쁘게 발리지 않는다. 버퍼를 이용해 손톱표면을 살짝 갈아서 윤을 내자. 매니큐어 칠하기도 쉽고 손톱 광택도 더욱 살아난다.

1 표면 다듬기

3-WAY 버퍼의 가장 거친 면으로 손톱표면을 다듬는다. 버퍼는 손톱뿌리에서 끝을 향해 좌우로 비스듬히 교차해 가는 것이 포인트. 너무 힘을 주지 않도록 주의한다. 그런 다음 두번째 거친 면으로 다시 갈아준다.

2 부드러운 면으로 다듬기

손톱이 매끄러워지도록 제일 부드러운 면으로 꼼꼼히 갈며 광택을 낸다. 다시 사슴 가죽으로 된 버퍼로 표면을 손질하면 더욱 광택이 난다. 이때 큐티클 오일을 발라 손질하면 오일이 손톱에 침투해 효과가 훨씬 좋아진다.

Massage *마사지

손톱이 건조해지면 깨지고 찢어지거나 손톱 주변 각질의 원인이 된다. 비타민, 미네랄, 식물성 유지가 들어있는 큐티클 오일로 영양을 주면서 매트릭스 부분을 가볍게 마사지해 건강한 손톱을 만들자.

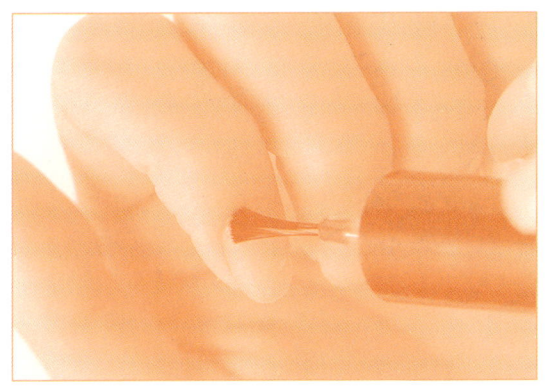

1 오일 바르기

큐티클 오일을 손톱과 큐티클 주변에 바른다. 엄지손가락을 이용해 손톱뿌리 부분부터 끝을 향해 힘을 주어 미끄러지듯 전체에 바른다. 손상된 부분은 특히 꼼꼼히 바르자.

2 마사지

큐티클과 손톱 주위가 부드러워질 때까지 손톱 측면과 전체를 마사지한다. 큐티클 부분에 오일을 밀어넣는다는 느낌으로 꼼꼼히 주무르자.

Basic Care

Care FAQ ✶ 손톱 고민 Q&A

손톱에 대한 모든 고민을 해결해보자. 기본적인 핸드 케어를 습관화
시키면 손톱에 관한 어떤 고민도 해결할 수 있다.

Q 손톱이 자꾸 찢어져요

≫ 손톱은 하나의 각질로 이루어진 것처럼 보이지만 사실은 세 개의 층으로 이루어져 있다. 손톱깎이를 이용해 손톱에 압력을 주거나, 리무버를 자주 이용해 손톱이 건조해지면 층이 벗겨져 찢어진다. 평소에도 자주 오일을 발라 마사지를 해주고, 매니큐어가 벗겨지면 바로 리무버로 지우지 말고 반짝이(라메)를 바르면 색이 오래 유지된다.

Q 손톱에 세로로 줄이 가서 매니큐어를 예쁘게 바를 수가 없어요

≫ 손톱에 생기는 세로줄은 노화와 건조가 원인이며, 가로줄은 매트릭스의 손상과 스트레스가 원인이다. 관리를 게을리 하거나 불규칙적인 생활을 계속하면 나타난다. 일단 생활습관을 고치고 음식에도 신경을 쓰자. 그리고 줄이 생기면 버퍼로 표면을 살짝 갈아 손톱을 매끄럽게 만들자. 리지필러를 발라 골을 메우는 것도 한 방법이다.

Q 손톱이 누래졌어요

매니큐어의 색소 침착이 원인이다. 베이스코트를 안 바르거나 손톱 표면의 루즈스킨을 제거하지 않고 매니큐어를 바르면 색소가 침착될 수 있다. 고운 버퍼로 손톱표면을 갈고 오일을 바른 다음 다시 버퍼로 손질하면 원래의 색도 되찾고 광택이 더해진다.

Q 손톱 주위의 살이 잘 일어나서 고민이에요

손톱 주변의 살이 일어나는 가장 큰 원인은 주위 피부가 건조해졌기 때문이다. 피부가 갈라진 상태라 억지로 떼어내면 상처가 생겨 곪을 수도 있다. 살이 일어난 부분에 큐티클 오일을 발라 영양을 주고 니퍼로 조금씩만 제거해주자. 평소에도 잘 관리해야겠지만, 한두 달에 한 번은 전문가에게 케어받는 것도 좋다.

Column 1

손톱 길이 맞추는 비결

손톱 모양을 다듬을 때, 어느 손가락부터 시작해야할까. 다섯 손가락의 길이와 모양 모두 똑같이 맞추기는 너무 어렵다. 하지만 여기서 절대 실패하지 않는 다듬기 비결을 알아보자. 먼저 다섯 손가락을 내밀어 가운데 세 손가락 중 손톱의 길이 (큐티클부터 손톱 끝)가 가장 짧은 손가락을 고른다. 이 손가락의 손톱부터 손질한다. 다시 이 손가락 길이에 어울리도록 다른 두 손톱도 손질한다. 이때 포인트는 윤곽과 손톱 전체 면적을 균일하게 맞추는 것이다. 특히 짙은 색 매니큐어를 바를 때는 균형이 잘 맞도록 주의해야 한다. 마지막으로 가운데 세 손가락과 잘 어울리는 길이로 엄지와 새끼손가락의 손톱을 손질한다. 양손의 균형 고려하는 것도 잊지 말자.

PART 2
Coloring

매니큐어 바르기

'손톱 색이 변한다' '손톱이 숨을 못 쉰다'는 이유로 매니큐어는 손톱에 안 좋다고 생각하는 사람이 많다. 하지만 매니큐어는 오히려 손톱을 보호하고 손톱을 교정해주는 역할을 한다. 손톱이 숨을 못 쉰다고 오해하는 것은 섬세한 손끝이 매니큐어의 무게를 느끼기 때문이다. 손톱은 큐티클 부분으로 숨을 쉬니 걱정할 필요없다.

Coloring *매니큐어 바르기*

먼저 매니큐어를 예쁘게 칠하는 방법을 배워보자. 깨끗하게 칠하는 비결은 매니큐어를 칠하기 전단계부터 시작된다.

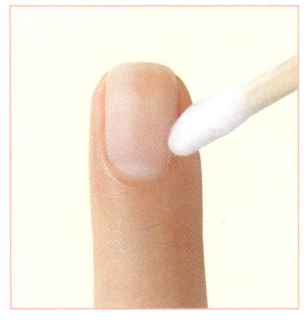

1 손톱 깨끗이 닦기

화장솜을 감은 스틱 또는 면봉에 리무버를 묻혀 손톱의 이물질과 유분을 구석구석 깨끗이 닦아낸다. 유분이 남아있으면 매니큐어가 쉽게 벗겨진다.

2 베이스코트 바르기

손톱 가운데, 오른쪽, 왼쪽으로 세 번에 나누어 바른다. 나중에 매니큐어 바르기가 편해지고, 충격으로부터의 손상과 색소 침착을 막는다.

3 붓 훑기

병 입구에 붓을 훑어 매니큐어의 양을 조절하고 붓을 부채 모양으로 편다. 베이스코트, 톱코트를 바를 때도 마찬가지로 붓을 훑는다.

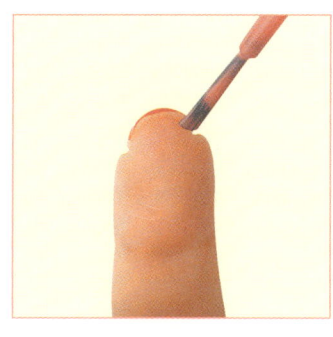

4 안쪽에 바르기

베이스코트가 말랐으면 먼저 벗겨지기 쉬운 손톱 안쪽과 에지라 불리는 손톱 끝 부분에 매니큐어를 바른다.

5 가운데 바르기

매니큐어를 손톱에 바른다. 붓을 병 입구에 대고 부채 모양으로 펼친 다음 손톱뿌리에 올려 제일 먼저 가운데 부분을 칠한다. 붓을 넓게 펼쳐 한 번에 많은 부분을 칠하면 실패할 확률이 적어진다. 양이 너무 적으면 얼룩이 지고 너무 많으면 삐치거나 표면이 울퉁불퉁해지고 기포가 생기므로 자기 손톱에 맞는 양을 잘 알아두자.

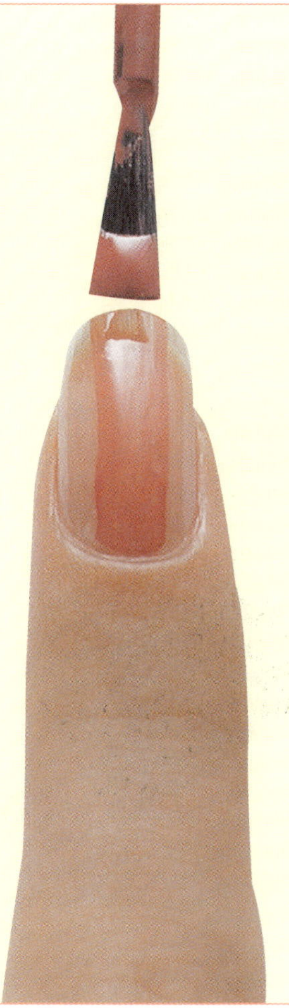

Coloring

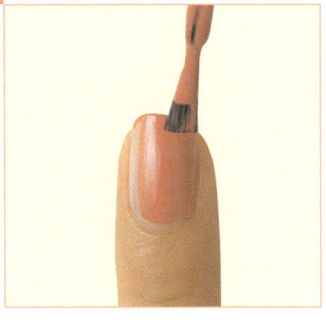

6 양 측면 바르기

그 다음으로 양 측면을 바른다. 힘을 일정하게 유지하며 단숨에 바르는 것이 포인트. 5번과 6번을 한 번 더 반복한다. 얇게 바르는 것이 중요하다. 얼룩이 지면 한 번 더 바른다.

7 톱코트 바르기

병 입구에 대고 붓을 고른 다음 가운데, 양 측면 순서로 바른다. 1주일에 1, 2회 정도 바르면 광택이 유지되고 손톱에 금이 가거나 색이 벗겨지는 것도 막을 수 있다.

8 오일 바르기

톱코트를 5~10분 정도 말린 뒤 큐티클 오일을 큐티클 주위에 떨어뜨린다. 보습 효과를 주며 손톱이 튼튼해진다. 막 바른 매니큐어에 먼지가 묻거나 흠집이 나는 것도 막을 수 있다.

Remove *매니큐어 지우기*

반짝이(글리터)를 붙였을 때는 리무버로 적신 화장솜으로 손톱을 감싸 잠시 놔둔다. 처음부터 문지르면 손톱에 상처가 날 수 있다.

1 매니큐어 녹이기

리무버를 듬뿍 묻힌 화장솜을 손톱에 올려서 매니큐어를 녹인 다음 마른 화장솜을 겹쳐 단숨에 닦아낸다. 이때 손톱을 세게 문지르면 흠집이 생기므로 주의해야 한다.

2 손톱 뒷면 손질

화장솜으로 감싼 우드스틱에 리무버를 묻혀 손톱 끝과 안쪽도 꼼꼼히 지운다. 지운 후엔 큐티클 오일을 바르는 것이 좋다.

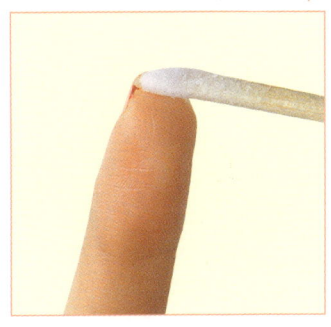

Coloring

Variation ✱ 색상에 따른 터치 방법

매니큐어의 농도와 질감에 따라 바르는 방법이 다 다르다. 색상의 특징에 맞는 적합한 방법을 익혀 더욱 예쁜 손톱을 만들자.

Mat Color _ 무광택

파스텔 계통의 색상이 선명하게 나온다. 엷게 세 번 발라 깔끔하게 만든다. 단, 붓을 많이 움직이거나 매니큐어의 양이 많으면 울퉁불퉁해질 수 있으므로 주의하자. 먼저 바른 매니큐어가 마른 뒤 다시 재빨리 바르는 것이 포인트.

NG _ 붓을 너무 많이 움직이면 표면이 울퉁불퉁해진다.

Dark Color _ 어두운 색

한 번만 발라도 색이 뚜렷하다. 덧칠할 때는, 처음엔 얼룩지는 것에는 신경 쓰지 말고 큐티클 선을 깔끔하게 마무리한다. 두 번째 바를 때 얼룩을 가린다. 붓은 손톱에 수직이 아니라 45도 각도로 대는 것이 포인트.

NG _ 붓을 손톱에 수직으로 대면 손톱 안쪽을 깔끔하게 바를 수 없다.

Light Color_밝은 색

투명하고 자연스럽게 보인다. 한 번만 바르면 색이 약하므로 반드시 두 번 바를 것. 처음엔 많은 양을 발라 색을 뚜렷하게 만들고, 두번째엔 양을 적게 해 윤기가 나도록 한다. 흰색 계열의 베이스코트를 사용하면 색상이 더욱 잘 살아난다.

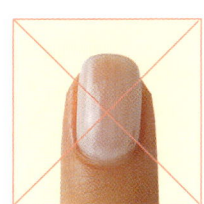

NG_ 휘어진 붓 자국이 남아있다.

Pearl_펄

펄이 들어간 매니큐어는 깔끔하게 바르기가 쉽지 않다. 붓자국이 나기 쉬우므로 손톱표면을 잘 다듬어두는 것이 포인트. 붓을 잘 훑어서 매니큐어 양을 조절한 다음 부채 모양으로 펼쳐 일정하게 힘을 주며 똑바로 바른다. 미세한 입자의 펄이 들어간 매니큐어를 선택하면 실패할 확률이 적다.

NG_ 똑바로 바르지 않으면 붓자국이 그대로 남는다.

Quick Fix ✱ 매니큐어 수정하기

'붓을 살짝 움직였을 뿐인데 매니큐어가 뭉치고 말았다!' '매니큐어가 채 마르기 전에 흠집이 생겨버렸다!' 처음부터 다시 바르지 말고 뭉친 부분만 수정해보자.

1 흠집·뭉침 ①
매니큐어를 바르다가 흠집이 났다.

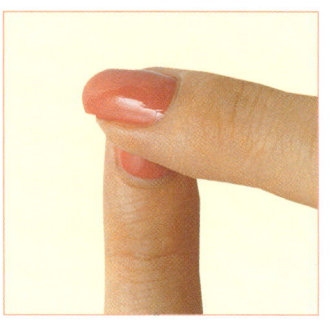

2 흠집·뭉침 ②
흠집난 주변의 매니큐어를 메워준다는 느낌으로 당겨온다. 리무버를 손가락에 묻혀 가볍게 두들기며 평평한 모양으로 만든다.

3 흠집·뭉침 ③

톱코트를 발라 손톱 표면을 매끄럽게 만든다. 흠집이 깊이 났을 때는 흠집 난 부분에 살짝 매니큐어를 찍어 한 번 더 손톱 전체에 매니큐어를 칠하고 톱코트를 바른다.

4 삐침 ①

삐쳐나왔을 때는 재빨리 스틱에 리무버를 묻혀 삐친 부분과 손톱 사이에 선을 긋듯 지운다.

5 삐침 ②

화장솜을 감은 우드스틱에 리무버를 묻혀 삐쳐나온 부분을 닦는다.

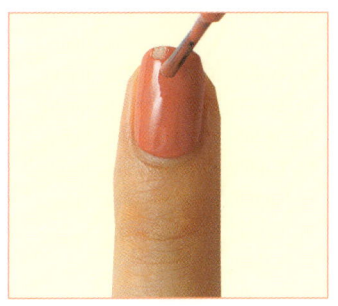

6 손톱 끝의 벗겨짐

벗겨진 부분에 매니큐어를 바른다. 너무 많이 바르면 울퉁불퉁해질 수 있다. 적은 양만 발라도 충분하다. 덧칠한 부분이 굳으면 손톱 전체에도 다시 바른 다음 톱코트로 마무리한다.

Color Change *색상 바꾸기

매니큐어 색을 바꾸고 싶을 때 전에 발랐던 색을 지운 후 바로 다른 색을 바르는 것은 손톱 건강에 좋지 않다. 다른 색을 바르기 전에 약간의 케어만으로도 손톱이 건강해질 수 있음을 명심하자.

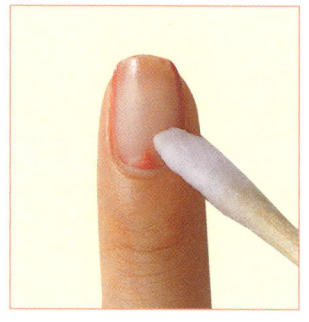

1 매니큐어 지우기
먼저 바른 매니큐어 색이 남지 않도록 꼼꼼하게 지운다. 손톱 구석구석까지 깨끗이 지우는 것이 포인트.

2 오일을 바르기
큐티클과 손톱에 큐티클 오일을 발라, 리무버 때문에 건조해진 손톱에 영양을 주자. 그리고 잘 스며들게 마사지를 한다.

3 손톱표면 다듬기
3-WAY 버퍼로 손톱표면을 간다. 먼저 중간 정도 거친 버퍼로 표면을 살짝 깎아내고 오일이 스며들게 한다. 마지막으로 고운 면으로 갈아 표면을 정리한다.

4 유분 닦아내기

잠시 후 화장솜에 리무버나 알코올을 묻혀 오일을 닦는다. 여분의 유분은 화장솜 감은 스틱을 이용해 닦아낸다.

5 매니큐어 바르기

베이스코트를 바르고 난 후 새로운 색상의 매니큐어를 바른다.

Coloring

Repair 1 ✱ 실크랩을 이용한 손톱 교정

애써 예쁘게 기른 손톱 하나가 부러졌을 때 다른 손톱까지 짧게 자를 필요는 없다. 수정도구를 잘만 활용하면 간단하게 해결할 수 있다.

1 흠집 내기
매니큐어와 유분을 닦아낸 뒤 부러진 부분 주위에 실크랩이 잘 접착되도록 버퍼로 가볍게 갈아준다.

2 고정하기
네일글루를 깨진 부분에 조금씩 발라 갈라진 부분을 메운다. 스틱으로 눌러 부러진 부분을 단단히 고정시킨다.

 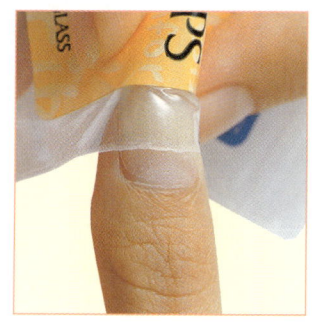 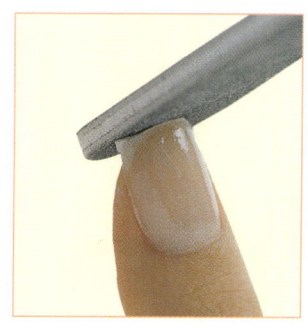

3 실크랩 붙이기
부러진 부분을 살짝 갈고 깨끗하게 닦은 다음 손톱 모양에 맞춰 자른 실크랩을 붙인다. 그 위에 글루를 바른다.

4 밀착시키기
비닐을 위에 덮어 실크랩을 손톱에 밀착시킨다.

5 삐쳐나온 부분을 간다.
글루가 굳으면 파일을 손톱 끝에 대고 위에서 아래로 움직여 실크랩의 삐쳐나온 부분을 깎아낸다. 버퍼로 표면을 갈아 마무리한다. 매니큐어를 바르기 전에 리지필러를 사용하면 손톱이 매끄러워진다.

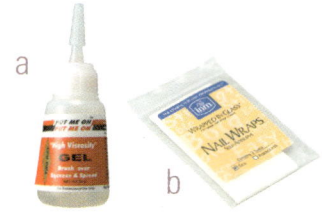

사용도구
a_ 네일글루는 손톱용 접착제이다. 붓이 달려있는 타입이 쓰기 편하다.
b_ 실크랩은 실크 소재의 접착테이프. 글루와 함께 사용한다.

Coloring

Repair2 * 글루필러를 이용한 손톱 교정

분말보수재인 글루필러를 사용하는 것도 간단한 교정 방법 중 하나.
중간까지의 순서는 실크랩을 이용한 방법과 같다.

1 글루필러 뿌리기

40, 41쪽의 1, 2의 방법을 그대로 거친다. 부러진 부분에 네일글루를 바르고 그 위에 손톱용 보수재인 글루필러를 뿌린 다음 여분의 가루를 털어낸다. 어느 정도 두꺼워질 때까지 서너 번 반복한다.

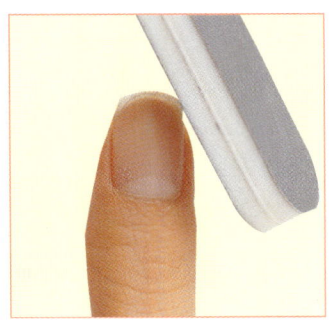

2 표면 다듬기

글루필러가 굳으면 두꺼워진 손상 부분을 거칠지 않은 파일로 살짝 갈아 매끄럽게 정리하고 버퍼로 갈아 마무리한다. 매니큐어를 바르기 전에 리지필러를 사용하면 손톱이 매끄러워진다.

사용도구
글루필러는 분말 상태의 보수재이다.
네일글루와 함께 사용한다.

Repair3 ✳︎ 내추럴팁을 이용한 손톱 교정

손톱 하나가 완전히 부러지면 반투명한 내추럴팁으로 교정해보자. 이 방법을 응용하면 하얀 프렌치팁을 양 손톱에 붙여 프렌치네일을 즐길 수도 있다.

1 팁에 글루를 바른다.

매니큐어와 유분을 닦아낸 손톱을 짧게 자른다. 접착력을 높이기 위해 손톱 표면을 파일로 살짝 흠집을 낸다. 손톱 크기에 맞는 팁을 골라 손톱 크기만큼 글루를 바른다.

043

Coloring

 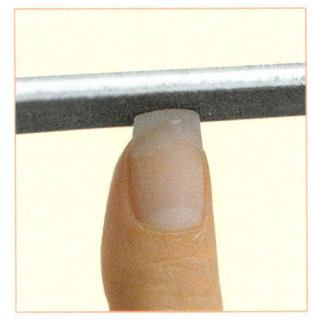 

2 붙이기

팁을 손톱 위에 올리고, 공기가 들어가지 못하게 엄지손가락으로 단단히 눌러준다.

NG_ 손톱사이즈에 맞는 팁을 선택한다.

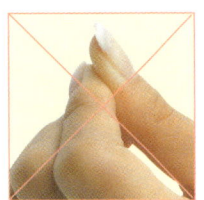

3 길이 조정

글루가 완전히 굳으면 손톱깎이나 손톱용 가위를 이용해 적당한 길이로 팁을 자른다. 파일로 팁 끝을 갈아 모양을 잡는다.

4 접합부분을 매끄럽게

팁을 녹이는 팁블렌더를 접합부분에 바른다. 팁표면을 매끄럽게 해 손톱에 층이 지지 않게 한다.

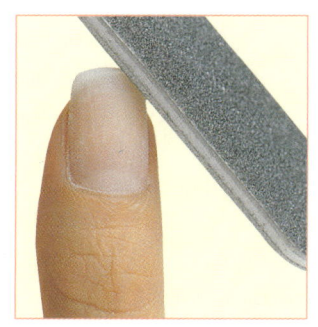 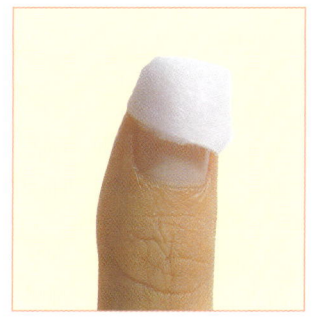 

5 표면 정리

팁과 손톱이 층이 안 지고 매끄럽게 이어지도록 파일로 다듬은 후 버퍼로 표면을 간다. 이때 손톱을 갈지 않도록 주의할 것. 매니큐어를 바르기 전에 리지필러를 사용하면 표면이 매끄러워진다.

6 팁 떼기 ①

화장솜을 글루리무버에 적셔서 잠시 손톱 끝에 올려두고 글루가 녹기를 기다린다. 원래의 손톱 길이와 비슷한 길이로 팁을 자른 후 하는 것이 더 편하다.

7 팁 떼기 ②

파일로 부드럽게 팁을 간다. 마지막으로 큐티클 오일을 발라 손톱표면을 보호한다.

사용도구

a _ 팁을 녹여 매끄럽게 하는 팁블렌더. **b** _ 네일글루를 녹이는 글루리무버. **c** _ 붙이는 인조 손톱인 내추럴팁. 모든 손가락에 다 붙일 수 있다.

Coloring FAQ ✱ 컬러링 Q&A

Q 관절이 두껍고 손가락이 투박해서 여성스러워 보이지 않아요

▶▶ 손톱이 너무 길거나 너무 짧으면 손이 커 보인다. 손톱 길이는 손가락보다 조금 길고, 모양은 완만하게 둥근 계란형이 손가락을 길고, 여성스러워 보이게 만든다. 매니큐어는 진한 색보다 피부톤에 가까운 베이지나 핑크 계열을 고르자. 펄이 들어간 매니큐어를 발라 세로선을 강조하면 손가락이 길어보이는 효과를 볼 수 있다.

Q 손가락이 너무 짧아서 고민이예요

▶▶ 손톱 길이를 조금만 더 길게 조절하고 손톱 끝에 시선이 가도록 디자인하는 것이 좋다. 손톱 끝에 반짝이를 붙이거나 프렌치네일을 하면 효과적이다.
손톱이 작은 경우엔 흰색이나 매트 계열의 옅은 파스텔톤 등 팽창색을 바르는 것이 좋다.

**Q 통통해서
어려 보이는 손을
어른스러워 보이게
만들고 싶은데요**

〉〉 프리에지를 조금 길게 평평한 계란형으로 다듬는 게 좋다. 손톱 측면을 없애지 않고 기르면 샤프한 인상을 준다. 펄 계열의 매니큐어로도 어른스럽고 차분한 분위기를 연출할 수 있다.

**Q 어울리는 매니큐어
색 고르기가
어려워요**

〉〉 매니큐어는 자신의 피부 색과 비슷한 색으로 골라야 잘 어울린다. 예를 들어 노란빛이 도는 피부의 사람은 베이지 컬러를 고를 때에 옐로 계열의 베이지를 선택하면 더욱 자연스럽고 매력적으로 보인다. 그래서 자신의 피부톤을 잘 알아두는 것이 중요하다.

Column 2

손톱에 생기는 줄은 스트레스의 증거

세로줄은 손톱이 건조해서 생기는 증상이다. 피부처럼 나이가 들면서 자연히 건조해지기도 하지만, 리무버를 과다하게 사용하는 것도 건조를 촉진한다. 리무버를 사용한 후에는 귀찮더라도 큐티클 오일을 손톱 주위와 큐티클에 반드시 발라준다. 가로로 난 줄은 매트릭스의 손상이 원인이다. 손톱을 문에 찧었을 때 그 다음에 나오는 손톱에 선명한 홈이 생기는 것도 그 때문이다. 그리고 가로줄은 정신적인 스트레스가 원인인 경우도 많다. 손톱에 가로줄을 발견했다면 2~3개월 전의 일을 떠올려보자. 큰 스트레스에 시달리고 있지는 않았는지.

PART 3
Technique

네일 아트 테크닉

네일 아트에 너무 신경 쓰다 보면 화려한 디자인에만 집착하는 경우가 있다. 하지만 네일 아트의 주인공은 손톱이 아니라 어디까지나 나 자신이다. 우선 손톱 하나에 네일 아트를 한 후 팔에 손을 대고 거울에 비춰보자. 손톱이 옷이나 머리 색, 얼굴 분위기와 어울리는가? 자신의 매력을 돋보이게 하는 디자인을 만드는 것이 진정한 네일 아트이다.

French * 프렌치

프렌치 스타일은 손톱 끝 부분의 컬러만 바꾸는 심플한 디자인부터 반짝이와 큐빅을 더한 것까지 다양한 변화를 줄 수 있는 인기 디자인이다.

바탕색을 두 번 바른다. 살짝 말린 다음 붓을 평평하게 펴 손톱 측면에 대고 가운데를 향해 비스듬히 바른다.

반대쪽에서 가운데를 향해 발라 먼저 바른 부분과 가운데에서 겹치도록 한다.

양 측면을 이어주듯이 끝에서 끝으로 단숨에 바른다. 가운데에 자연스러운 곡선이 그려지도록 하는 것이 포인트. 이때, 매니큐어의 양은 적게 하고, 엷게 두 번 발라 프렌치를 완성시킨다. 마지막으로 톱코트를 바른다.

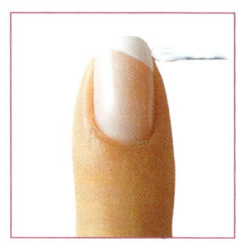

일단 붓을 비스듬히 올린다. 프렌치 부분에 바르는 색상은 손톱 안쪽과 끝 부분에도 바른다.

Dot *물방울 무늬

색감에 따라 발랄하게 또는 귀엽게 연출할 수 있는 것이 바로 물방울 무늬. 테크닉에 자신 있다면 매니큐어의 양을 조절해 점의 크기를 다양하게 하거나 여러 개를 그려 넣는 시도를 해보자.

바탕색을 두 번 바른다. 처음엔 모든 손톱에, 두 번째는 각 손가락 별로 점을 그리기 직전에 바른다.

붓을 수직으로 세워 병 입구에 대고 빙글빙글 돌려 끝을 동그랗게 모은다. 바탕색이 완전히 마르기 전에 점을 그린다. 바탕색에 배어들면 깨끗한 원으로 완성된다.

붓끝이 수직이 되게 들고 손톱에 살짝 닿을 정도로 움직여 점을 찍는다. 완전히 마른 다음 톱코트를 바른다.

매니큐어의 붓은 병 입구에 대고 돌려 끝을 동그랗게 말아둔다.

Stripe & Check

✳ 스트라이프 & 체크

가는 선을 그리는 것은 어려워보이지만 요령만 익히면 간단하다. 선의 색과 두께, 그리는 방법에 따라 다양한 무늬를 즐길 수 있다.

 >> 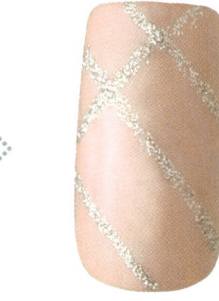 >>

바탕색을 두 번 바르고 완전히 말린다. 손톱 끝에서부터 선을 그린다.

손톱 가장자리에 붓을 뉘여 고정한다. 붓이 아니라 손가락을 움직여 직선을 그린다.

직선을 교차시키면 체크 무늬가 된다. 톱코트를 발라 마무리한다.

붓이 아니라 손가락을 움직여 선을 그린다.

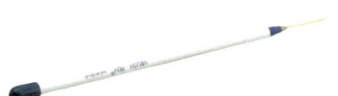

사용도구
네일 아트용 아주 얇은 붓. 직선과 체크무늬를 그릴 때 편리하다.

Marble *마블

두 가지 색상을 사용해 예술적인 느낌이 물씬 풍긴다. 화려한 디자인에도 불구하고 의외로 초보자도 쉽게 그릴 수 있다.

 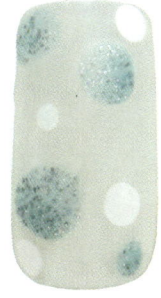 

바탕색을 두 번 바른다. 처음엔 전체 손가락에, 두 번째는 각각의 손가락에 마블을 만들기 직전에 바른다.

바탕색이 완전히 마르기 전에 점을 찍는다.

점이 마르기 전에 점 중앙에 붓을 대고 8자를 그리듯 움직여 마블을 그린다. 힘을 너무 주지 말고 매니큐어의 표면에서만 움직이도록 유의하자. 톱코트를 발라 마무리한다.

사용도구

네일 아트용 세필. 세필에 물에 녹인 아크릴물감을 찍으면 손톱에 페인트 아트를 할 수도 있다.

Seal * 스티커

스티커에는 직접 손톱에 붙이는 타입과 물을 사용하는 필름 타입이 있다. 톱코트를 많이 바르는 것이 스티커를 오래 유지하는 비결이다.

바탕색을 두 번 바른 후 완전히 말린다.

손톱 폭에 맞춰 자른 스티커를 핀셋을 이용해 손톱 위에 붙인다.

삐져나온 스티커는 작은 가위로 자른다. 톱코트는 특히 스티커의 울퉁불퉁한 부분에 듬뿍 바른다. 꼼꼼히 바를수록 오래 간다.

물을 이용하는 타입의 스티커는 적당한 크기로 잘라 물에 적신 다음, 스티커가 종이에서 떨어지면 핀셋으로 집어서 손톱에 올린다.

Line Stone *큐빅

심플한 색상에 큐빅을 붙이는 것만으로 화려한 느낌을 줄 수 있다. 글리터(홀로그램)를 붙일 때도 요령은 같다.

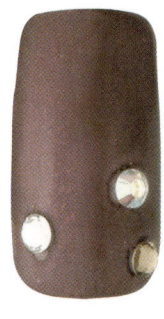  

바탕색을 두 번 바른다. 처음엔 모든 손톱에, 두 번째는 손톱 하나하나마다 큐빅을 붙이기 직전에 바르고 재빨리 큐빅을 올린다.

톱코트를 소량 묻힌 우드스틱 끝으로 큐빅을 집어 바탕색이 완전히 마르기 전에 손톱에 올린다.

균형을 맞추면서 조금씩 큐빅을 더해주고 다 올리면 하나씩 우드스틱으로 눌러준다. 마무리로 톱코트를 듬뿍 바른다. 2, 3일에 한 번씩 톱코트를 덧발라주면 오래 간다.

우드스틱 끝에 물이나 톱코트를 묻혀 큐빅을 잡는다. 큰 큐빅부터 올리면 균형을 잡기 쉽다.

Gradation 1 ✳ 그러데이션1

네일 아트의 포인트는 색상 선택이다. 같은 계통의 색으로 맞추어 자연스럽게 마무리하자. 색의 조합과 질감이 독특하다.

바탕색을 바르고 그러데이션할 색상의 매니큐어를 손톱 끝에 바른다.

끝에 바른 색을 손톱 가운데서부터 손톱 끝을 향해 다시 한 번 바른다. 이때 너무 힘을 주지말고 가볍게 바르자.

앞에 바른 매니큐어가 다 말랐으면 반짝이가 들어간 매니큐어를 발라 색의 경계를 중심으로 뭉갠다. 톱코트를 발라 마무리한다.

마지막에 반짝이가 들어간 매니큐어를 바르는 것이 그러데이션을 자연스러워 보이게 만드는 비결이다. 매니큐어의 질감을 맞춰주면 더욱 좋다.

Gradation 2 ✱ 그러데이션2

에어브러시를 이용한 것 같은 효과를 원한다면 스펀지를 이용해 그러데이션해보자. 가볍게 손톱 위에 찍어주기만 하면 끝나므로 어려운 테크닉이 필요 없다.

바탕색을 바른다.

아크릴 물감을 물에 녹인 후 아이섀도 팁에 묻혀 손톱에 조금씩 묻힌다.

끝 쪽에는 조금 많이 묻힌다. 톱코트를 발라 마무리한다.

아이섀도팁에 아크릴 물감을 묻혀 가볍게 손톱 끝에 묻힌다.

사용도구
a_ 아크릴 물감
b_ 아이섀도용 스펀지팁

Column 3

큐티클과 루즈스킨

네일 케어 중에서도 중요한 작업 중 하나가 바로 큐티클 케어이다. 따뜻한 물에 담가 큐티클을 부드럽게 풀어준 다음 스틱으로 가볍게 미는 작업인데, 이때 큐티클뿐만 아니라 루즈스킨도 깨끗하게 정리해야 한다.

루즈스킨이란 손톱뿌리 쪽에 있는 얇은 막을 말하는데 큐티클을 밀어낼 때 하얗게 일어난 얇은 막이 바로 그것이다.

루즈스킨은 큐티클 밑에서부터 손톱표면까지 자리하고 있다. 작은 먼지가 손톱과 큐티클 사이에 들어가지 않도록 보호하는 역할을 하지만, 손톱표면까지 덮어버리면 발라놓은 매니큐어 색이 예쁘게 보이지 않는다. 그리고 손톱에 색소가 침착되는 원인이 되기도 한다. 따라서 깨끗하게 제거하는 것이 좋고, 이와는 달리 큐티클 아래에 있는 매트릭스는 손톱을 보호하는 장소이므로 너무 세게 밀지 않도록 주의하자.

네일 스타일

생활 속에서 네일 아트를 즐겨보자. 요리를 할 때, 영화를 볼 때, 쇼핑을 할 때 손끝이 마음에 드는 색과 디자인으로 입혀져 있으면 저절로 행복해 진다. 자기도 모르는 사이에 마음이 풍요롭고 편안해지며 밝은 기분이 들게 해준다. 네일 아트를 할 때에는 자신만의 색을 가지는 게 좋다. 테마별 색상과 이에 어울리는 디자인을 보고 나만의 네일 스타일을 만들어 보자.

Design

Simple+BEIGE ✱ 심플+베이지

베이지색을 기본으로 한 심플한 스타일은 일상생활에 은은한 포인트를 만들어낸다. 손수건을 쥔 손과 잘 어울리는 부드러운 색상과 디자인이다.

a **Bubbly Dot**_물방울
작은 물방울 무늬를 손톱 끝에 흩뿌린 디자인.

b **Feminine Flower**_꽃
하얀 꽃은 얌전하면서도 여성스러운 인상을 준다.

c **Half Moon**_반달
하얀 반달 디자인을 청결하고 건강한 느낌을 준다.

d **Natural French**_내추럴 프렌치
마지막에 옅은 핑크색을 손톱 전체에 발라 더욱 자연스럽게 마무리했다.

a

theme color

b

c

theme color

d

theme color
(위쪽) 크리에이티브 N319
(아래쪽) 크리에이티브 N324

Design

a
Bubbly Dot
물방울 무늬

1 베이스코트를 바른다. **2** 핑크색을 두 번 바른다. 두 번째 바른 핑크색이 마르기 전에 펄 화이트를 이쑤시개에 묻혀 손톱 끝에 점을 찍는다. **3** 톱코트를 발라 마무리한다.

사용한 색
a_ OPI L03
b_ OPI A06

b
Feminine Flower
꽃

1 베이스코트를 바른다. **2** 오프화이트 색을 두 번 바른다. **3** 바탕색이 마르기 전에 흰색으로 4개의 점을 찍고 그 중앙에 베이지색을 떨어뜨린다. 세필로 재빨리 바깥에서 안쪽으로 점을 반으로 가르듯 크게 움직여 꽃모양이 되도록 한다. **4** 3의 베이지 색으로 선을 그린다. **5** 꽃의 심, 주위와 균형을 맞춰가며 브리온을 붙인다. **6** 톱코트를 듬뿍 바른다.

사용한 색
a_ OPI L00
b_ 피엔 네일 컬러 셀렉트 BE253
c_ OPI A14
d_ 골드와 실버의 브리온

c

Half Moon
반달

1 베이스코트를 바른다. 2 베이지색을 두 번 바른다. 3 안쪽에 흰색으로 완만한 반원을 그린다. 번진 부분은 두번째 바를 때에 수정하면 된다. 4 마지막으로 톱코트를 바른다.

사용한 색
a_ OPI L00
b_ OPI W26

d

Natural French
내추럴 프렌치

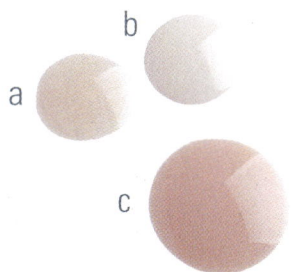

1 베이스코트를 바른다. 2 핑크를 두 번 바른다. 3 우유색 컬러를 이용해 프렌치 스타일을 만든다. 4 마지막으로 전체에 펄 핑크를 덧바르고 톱코트로 마무리한다.

사용한 색
a_ OPI P61
b_ OPI L06
c_ OPI V06

Cute+PINK ✱ 큐트+핑크

핑크색은 피부색과 가장 잘 어울리기 때문에 쓰기 편하다. 핑크를 베이스로, 성숙하면서도 귀여운 네일을 만들어 보자.

a **Petit Gorgeous**__ 럭셔리 프렌츠
골드 프렌치와 큐빅으로 살짝 화려한 느낌을 즐기자.

b **Candy Shower**__ 달콤한 샤워
달콤한 시럽이 흐르는 듯한 그라데이션으로 색다른 느낌을 준다.

c **Juicy Dot**__ 핑크 물방울
점 위에 큐빅을 올려 성숙하면서도 깜찍한 스타일.

d **Girly Check**__ 귀여운 체크
과자포장지 같이 귀여운 체크 무늬.

a

theme color

b

c

theme color

d

theme color
(위쪽) TiNS 207
(아래쪽) RMK 네일 컬러 N56

Design

a
Petit Gorgeous
럭셔리 프렌츠

1 베이스코트를 바른다. 2 핑크를 두 번 바른다. 3 핑크를 바른 손톱 순서대로 프렌치 부분을 금색으로 바른다. 4 큐빅은 균형을 맞춰가며 큰 것부터 붙이고 마지막으로 골드 브리온을 붙인다. 5 톱코트를 듬뿍 바른다.

사용한 색
a_ 핑크, 브라운 골드 큐빅과 골드 브리온
b_ OPI A06
c_ 테스티모 네일 컬러 GD14

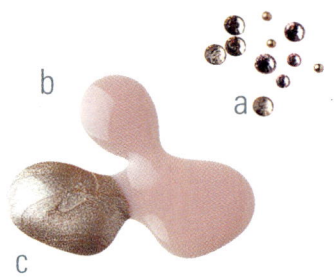

b
Candy Shower
달콤한 샤워

1 베이스코트를 바른다. 2 손톱 전체에 핑크를 두 번 바른다. 3 반짝이가 들어간 진한 보라색을 손톱 끝에 그라데이션하듯이 덧바른다. 4 손톱의 반 정도 위치에 은색 반짝이를 바른다. 5 마지막으로 가는 입자가 들어있는 은색 반짝이를 손톱 전체에 바른다. 6 톱코트를 발라 마무리한다.

사용한 색
a_ TiNS 006
b_ RMK 네일 컬러 29
c_ 팔팡 크리스찬 디오르 베르니 디오르 애딕트 010
d_ TiNS 009
e_ OPI A06

c

Juicy Dot
핑크 물방울

1 베이스코트를 바른다. **2** 손톱 전체에 펄이 들어간 흰색을 두 번 바른다. **3** 두 번 바른 것이 다 마르기 전에, 이쑤시개 끝에 핑크 매니큐어를 묻혀 조심스럽게 점을 찍는다. **4** 점 위에 큐빅을 올린다. **5** 톱코트를 듬뿍 바른다.

사용한 색
a_ OPI F04
b_ OPI A11
c_ CHIC CHOC 네일 컬러 WT02

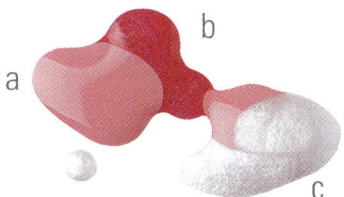

b

Girly Check
귀여운 체크

1 베이스코트를 바른다. **2** 옅은 핑크를 손톱 전체에 두 번 바른다. **3** 핑크를 바른 순서대로, 바탕색 핑크보다 약간 진한 색의 핑크와 레드를 세로와 가로로 바른다. **4** 선을 따라 은색 반짝이를 바른다. **5** 톱코트로 마무리한다.

사용한 색
a_ TiNS 021
b_ OPI A11
c_ OPI B11
d_ OPI A06

Design
Cool+SILVER * 쿨+실버

너무 화려하지 않은 배색에 은색 선을 다양하게 변형하여 그린 시원한 여름 스타일. 쿨 스타일에는 메탈릭한 느낌의 색상이 어울린다.

a **Wavy Silver**_ 은색 물결
손톱 끝에 칠한 흰색 위에 파도 모양의 은색을 더한 더블 프렌치

b **Clear Stream** _ 시원한 시냇물
흐르는 선이 여성스러우면서 시원한 인상을 준다.

c **Coolish Beige** _ 쿨 베이지
베이지의 농담이 잘 살아있는, 우아하면서도 샤프한 이미지의 네일.

d **Summery French** _ 심플 프렌치
남색과 흰색이 어우러져 깔끔하고 정돈된 느낌을 주는 프렌치 네일.

theme color
(위쪽) 피엔 네일 컬러 셀렉트 BL775
(아래쪽) 피엔 네일 컬러 셀렉트 GR774

Design

a

Wavy Silver
은색 물결

1 베이스코트를 바른다. 2 손톱 전체에 펄이 들어간 흰색 매니큐어를 바른다. 3 프렌치 부분을 흰색으로 바른다. 4 메탈릭 실버로 완만한 곡선을 그리며 더블 프렌치로 변형한다. 5 마지막으로 프렌치를 따라 은색으로 선을 그린다. 6 톱코트를 발라 마무리한다.

사용한 색
a_ RMK 네일 컬러 52
b_ CHIC CHOC 네일 컬러 WT02
c_ OPI L00
d_ TiNS 021

b

Clear Stream
시원한 시냇물

1 베이스코트를 바른다. 2 손톱 전체에 가는 입자의 깔끔한 반짝이 색을 바른다. 3 너무 힘을 주지 않도록 조심하며 베이지로 완만하고 넓은 폭의 선을 그린다. 4 3에서 그린 선을 따라 은색 선, 다음으로 흰색 선을 그린다. 5 톱코트를 발라 마무리한다.

사용한 색
a_ OPI S63
b_ 피엔 네일 컬러 셀렉트 WT967
c_ OPI L00
d_ RMK 네일 컬러 52

c
Coolish Beige
쿨 베이지

1 베이스코트를 바른다. **2** 옅은 베이지를 손톱 전체에 바른다. **3** 손톱 끝에 옅은 갈색을 비스듬하게 바른다. 그런 다음 한 단계 진한 갈색을 반대편에서부터 교차하듯 바른다. **4** 각각의 색의 경계면을 따라 은색을 바른다. **5** 톱코트를 발라 마무리한다.

사용한 색
a _ 팔팡 크리스찬 디오르 베르니 디오르 애딕트 310
b _ OPI A17
c _ OPI S70
d _ TiNS 021

d
Summery French
심플 프렌치

1 베이스코트를 바른다. **2** 흰색을 손톱 전체에 바른다. **3** 손톱을 옆으로 놓고 위에서 아래로 일직선이 되게 남색 매니큐어로 손톱 끝에 가로로 바른다. **4** 3의 경계를 따라 은색 반짝이를 바른다. **5** 톱코트를 발라 마무리한다.

사용한 색
a _ RMK 네일 컬러 17
b _ OPI L00
c _ TiNS 021

Casual+WHITE *캐주얼+화이트

집에서는 남의 시선을 신경 쓸 것 없이 좋아하는 디자인을 즐기자. 다양하면서도 경쾌하고 때론 과감한 스타일에 도전해보자. 화이트에는 어떤 색을 매치시켜도 귀여운 느낌을 준다.

a I Love... _ 아이 러브 시리즈
글리터를 이용해 손톱에 좋아하는 그림이나 메시지를 만든다.

b Clear Rainbow _ 무지개
톡톡 튀는 색상으로 그린 무지개 모양의 프렌치.

c Cheerful Stripe _ 경쾌한 스트라이프
2가지 자주색에 흰색을 더한 시원한 느낌의 줄무늬.

d Camouflage _ 밀리터리
프렌치 부분의 국방색은 붓을 거칠게 움직이는 것이 포인트.

a

theme color

b

c

theme color

d

theme color
(위쪽) TiNS 012
(아래쪽) 크리에이티브 N109

Design

a

I Love...
아이 러브 시리즈

1 베이스코트를 바른다. **2** 손톱 전체에 흰색을 두 번 바르고 다 마르기 전에 글리터를 각각의 디자인에 맞춰 올린다. **3** 톱코트를 발라 마무리한다.

사용한 색
a _ 피엔 네일 컬러 WT978
b _ 골드, 블랙, 레드의 글리터

b

Clear Rainbow
무지개

1 베이스코트를 바른다. **2** 손톱 전체에 가는 입자의 반짝이가 들어간 투명 매니큐어를 바른다. **3** 끝에 노란색을 두 번 발라 프렌치를 만든다. 살짝 말린 다음 그 위에 핑크를 두 번 칠해 더블 프렌치를 만든다. **4** 톱코트를 발라 마무리한다.

사용한 색
a _ 팔팡 크리스찬 디오르 베르니 디오르 애딕트 101
b _ 크리에이티브 N151
c _ OPI F04

c

Cheerful Stripe
경쾌한 스트라이프

1 베이스코트를 바른다. **2** 펄이 들어간 흰색 매니큐어를 손톱 전체에 두 번 바른다. **3** 핑크를 세로로 곧게 바른 다음 자주색으로 다시 바른다. **4** 핑크와 자주색의 경계선에 고운 핑크색 파우더 반짝이를 뿌린다. **5** 톱코트를 발라 마무리한다.

사용한 색
a_ OPI L00
b_ OPI B16
c_ 테스티모 네일 컬러 PU16
d_ 핑크 파우더 반짝이

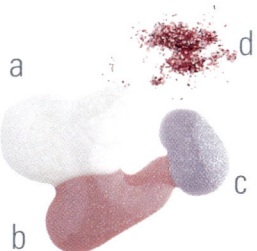

d

Camouflage
밀리터리

1 베이스코트를 바른다. **2** 펄이 들어간 흰색 매니큐어를 두 번 바른다. **3** 녹색으로 프렌치네일을 만든다. **4** 국방색을 만들기 위해 베이지와 반짝이가 들어간 갈색으로 모양을 만든다. 선명하게 모양을 만들려 하지말고 자연스럽게 불규칙적으로 붓을 놀린다. **5** 톱코트를 바른다.

사용한 색
a_ OPI L03
b_ 크리에이티브 N340
c_ TiNS 024
d_ OPI N26

Gorgeous+
LINE STONE ✱ 럭셔리+큐빅

큐빅은 불규칙하게 놓기보다는 규칙적인 모양으로 붙여야 화려하고 우아한 디자인을 만들 수 있다. 럭셔리한 스타일에는 금색, 붉은색 그리고 큐빅이 잘 어울린다.

a **Party Red** __파티 레드
가운데 손가락에만 올린 사각형 큐빅으로 인해 우아함이 더욱 돋보이는 스타일.

b **Elegant Beige** __우아한 베이지
촘촘히 박은 큐빅에 포인트로 핑크색을 한 알 섞었다.

c **Luxury Gold** __럭셔리 골드
고급스러운 느낌의 골드가 화려하면서도 차분한 인상을 준다.

d **Star Drops** __스타워즈
큐빅에서 물방울무늬가 흘러 떨어진 듯한 섬세한 디자인.

theme color

(위쪽) 테스티모 네일 컬러 GD14
(아래쪽) 마리 콴트 네일 폴리시 D-01

Design

a
Party Red
파티 레드

1 베이스코트를 바른다. 2 손톱 전체에 은색 매니큐어를 두 번 바른다. 3 손톱 전체에 레드를 두 번 발라 색에 통일감을 준다. 4 진한 보라 컬러를 완만한 곡선을 그리듯 바른다. 너무 힘을 주지 않도록 조심하자. 5 가운데 손가락에 사각형 큐빅을 올린다. 6 톱코트를 듬뿍 발라 마무리한다.

사용한 색
a _ 사각형 큐빅
b _ OPI B11
c _ RMK 네일 컬러 N72
d _ RMK 네일 컬러 40

b
Elegant Beige
우아한 베이지

1 베이스코트를 바른다. 2 손톱 전체에 펄이 들어간 베이지를 두 번 바른다. 3 은색과 메탈릭한 느낌의 베이지 핑크로 선을 그어준다. 손톱 모양에 따라 변화를 준다. 4 큐빅을 붙이고 핑크색 큐빅 하나로 포인트를 준다. 5 톱코트를 듬뿍 바른다.

사용한 색
a _ 테스티모 네일 컬러 EX04
b _ RMK 네일 컬러 39
c _ RMK 네일 컬러 53
d _ 클리어 컬러와 핑크의 큐빅

c

Luxury Gold
럭셔리 골드

1 베이스코트를 바른다. 2 골드를 손톱 전체에 두 번 바른다. 3 안쪽에 은색을 두 번 바른다. 4 큐빅을 큰 것부터 붙이고, 마지막으로 브리온을 붙인다. 5 톱코트를 듬뿍 바른다.

사용한 색
a_ 테스티모 네일 컬러 EX 04
b_ 크리에이티브 N355
c_ 클리어, 골드의 다양한 크기의 큐빅
d_ 실버 브리온

d

Star Drops
스타워즈

1 베이스코트를 바른다. 2 금색이 들어간 베이지를 바탕색으로 손톱 전체에 두 번 바른다. 3 끝에 녹색을 바르고 가운데에서부터 손톱 끝까지 반짝이를 바른다. 4 핑크와 금색 큐빅을 올리고 균형을 맞추면서 골드 브리온을 붙인다. 5 큐빅에서 안쪽을 향해 반짝이로 점을 찍는다. 6 톱코트를 바른다.

사용한 색
a_ 테스티모 W네일 03
b_ 핑크와 골드의 큐빅과 골드브리온
c_ 테스티모 네일 컬러 GN13
d_ OPI R04
e_ 피엔 네일 컬러 셀렉트 WT967

Pedicure *페디큐어

손에 바르면 너무 화려해 보이는 색이나 디자인도 발에 바르면 의외로 무난해 보인다. 과감하면서도 귀여운 디자인과 색을 즐겨보자.

Baby Mint _ 베이비 민트
발톱 끝에 리본 매듯이 사선으로 넓은 직선을 그린다.

Candy Pink _ 캔디 핑크
튀는 핑크색으로 다양한 크기의 점을 만든 귀여운 디자인.

Pure White _ 웨딩드레스
맑은 느낌의 큐빅으로 만든 순백의 네일.

Sweet Cakes _ 달콤한 케이크
데코레이션 케이크처럼 물결 무늬를 그린 귀여운 네일.

a

theme color

b

c

theme color

d

theme color
(위쪽) TiNS 006
(아래쪽) 테스티모 네일 컬러 GD14

a

Baby Mint
베이비 민트

1 베이스코트를 바른다. **2** 녹색을 두 번 바른다. **3** 끝에서 반 정도 위치에 비스듬히 흰색, 노란색을 각각 두 번씩 바른다. 한 번만 바르면 번지므로 주의하자. **4** 푸른 글리터를 흰색과 녹색 경계를 따라 올리고 흰색과 노란색의 경계를 따라 금색 반짝이를 뿌린다. **5** 톱코트를 발라 마무리한다.

사용한 색
a_ TiNS 022
b_ OPI A17
c_ RMK 네일 컬러 N 66
d_ 블루 글리터
e_ OPI L00

b

Candy Pink
캔디 핑크

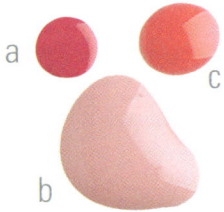

1 베이스코트를 바른다. **2** 핑크를 두 번 바른다. **3** 2가 다 마르기 전에 큰 점을 그린다. 매니큐어의 양에 따라 점의 크기가 달라지므로 디자인을 봐가면서 조절하자. **4** 톱코트를 발라 마무리한다.

사용한 색
a_ OPI V11
b_ OPI F04
c_ OPI V12

c

Pure White
웨딩드레스

1 베이스코트를 바른다. 2 흰색을 두 번 바른다. 3 물이나 톱코트를 묻힌 우드스틱을 이용해 안쪽 부분에 클리어 큐빅, 브리온을 올린다. 4 톱코트를 듬뿍 발라 마무리한다.

사용한 색
a _ OPI L03
b _ 클리어 컬러의 큐빅과 실버 브리온

d

Sweet Cakes
달콤한 케이크

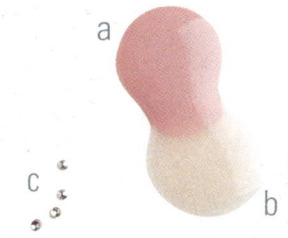

1 베이스코트를 바른다. 2 우유색 컬러를 두 번 바른다. 3 핑크를 두 번 발라 변형된 물결무늬의 프렌치를 만든다. 4 물결무늬를 따라 은색 브리온을 붙인다. 5 톱코트를 발라 마무리한다.

사용한 색
a _ OPI S95
b _ OPI P61
c _ 실버 브리온

How to make *네일 디자인

← **1** 베이스코트를 바른다. **2** 핑크 반짝이가 들어간 매니큐어를 두 번 바른다. **3** 2가 마르기 전에 큐빅으로 하트 모양을 만든다. 먼저 안쪽부터 큐빅을 붙인 다음 하트 모양이 되도록 브리온으로 모양을 잡아간다. **4** 마지막으로 톱코트를 듬뿍 바른다.

← 1 베이스코트를 바른다. 2 베이지를 세심하게 두 번 바른다. 3 녹색 아크릴 물감을 물에 녹여 세필로 찍어 클로버를 그린다. 4 톱코트를 발라 마무리한다.

↙ 1 베이스코트를 바른다. 2 옅은 회색을 손톱 전체에 두 번 바른다. 3 손톱 3분의 1 위치에 흰색을 칠하고 은색 브리온으로 선을 잡는다. 4 톱코트를 발라 마무리한다.

↓ 1 베이스코트를 바른다. 2 펄이 들어간 흰색을 바탕색으로 두 번 바른다. 3 아크릴 물감으로 하트 모양을 그린다. 커다란 하트를 먼저 그린 다음 그 안에 작은 하트를 그린다. 4 톱코트를 발라 마무리한다.

Design

1 베이스코트를 바른다. **2** 엄지손가락과 넷째 손가락은 핑크를 바탕색으로, 그 외의 손가락은 메탈릭한 흰색을 바탕색으로 각각 두 번씩 바른다. **3** 오렌지 우드스틱에 물이나 톱코트를 묻혀 프렌치 선에 다이아몬드 큐빅을 올린다. 큐빅은 바탕색이 마르기 전에 올려야 한다. **4** 톱코트를 발라 마무리한다.

↖ 1 베이스코트를 바른다. 2 베이지 색을 세심하게 두 번 바른다. 3 흰색, 갈색, 피치 핑크의 세 가지 색상으로 각각의 손가락에 프렌치네일을 한다. 4 톱코트를 발라 마무리한다.

↑ 1 베이스코트를 바른다. 2 미세한 펄이 들어간 흰색을 손톱 전체에 두 번 바른다. 3 손톱 한쪽 끝에 반짝이가 들어간 남색과 핑크로 점을 찍는다. 4 톱코트를 발라 마무리한다.

← 1 빨간색을 두 번 바른다. 2 손톱의 뿌리쪽 4분에 1 부분에서 끝쪽으로 한 단계 진한 빨간색을 덧칠한다. 3 손톱 가운데에서 끝 쪽으로 다시 2와 동일한 빨간색을 칠하고 끝에는 다갈색을 그러데이션해 완성한다. 4 톱코트를 발라 마무리한다.

Equipment2 ✱ 네일 아트 도구2

큐빅
기본적인 원형과 사각형 큐빅을 다양한 크기로 구비해 놓으면 편리하다.

면봉
물방울 무늬를 만들 때 사용한다. 매니큐어를 종이 위에 적당히 부은 다음 면봉(또는 이쑤시개) 끝에 묻혀 그린다.

글리터
초보자라면 가는 입자가 고운 은색 글리터가 사용하기 편하다. 홀로그램이라고도 한다.

아트 브러시
선을 그을 때 사용하는 매우 가는 붓(왼쪽)과 마블 모양을 만드는 세필(오른쪽).

아크릴 물감

물에 녹여 세필에 묻혀 쓰면 손톱에 그림을 그릴 수 있다. 부드러운 타입이 쓰기 편하다.

아이섀도용 스펀지 팁

아크릴 물감을 묻혀 그러데이션 효과를 줄 수 있다.

스티커

붙이기만 하면 되므로 간단하게 즐길 수 있다. 직접 손톱에 붙이는 타입과 물에 녹여 종이에서 떼어내고 사용하는 필름 타입이 있다.

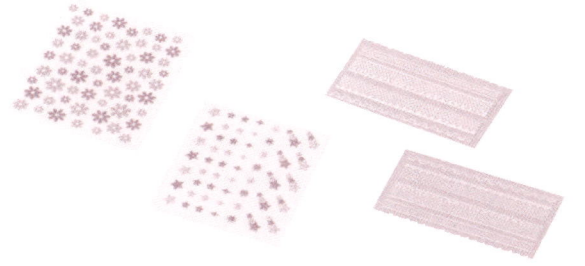

Column 4

스컬프처와 팁의 차이점

일반적으로 팁은 양면테이프로 손톱 전체를 덮듯 붙이는데 손톱 모양에 안 맞는 경우도 많다.

43쪽에서 소개한 방법은 팁을 손톱의 끝 부분에 붙이고 손톱과 팁의 경계를 없애 즉석으로 손톱을 만드는 테크닉이다. 접착제로 붙이기 때문에 글루리무버로 쉽게 떼어낼 수 있고 약 1주일 후면 저절로 떨어지기도 한다. 그래서 지금 당장 손톱을 길게 하고 싶을 때 사용하면 편리하다.

네일숍에서 이용하는 기술 중에는, 아크릴 파우더를 녹여 손톱에 올려 만드는 스컬프처도 있다. 스컬프처는 모양이 못난 손톱이나 손톱의 길이를 늘리고자 할 때 사용하기 적합하다. 단 올바른 방법으로 사용하고, 정기적으로 손질해야 한다. 만약 손질을 게을리 했다간 도리어 손톱이 손상되거나 손톱에 곰팡이가 필 수도 있다.

PART 5
Hand Care

핸드 케어

핸드 케어는 네일 케어의 연장선상에 있다. 아무리 공들인 네일 아트도 거친 손 위에서는 빛을 발할 수 없다. 손톱과 마찬가지로 손도 청결하고 아름답게 가꾸는 것이 중요하다. 하지만 아무리 예쁜 손을 타고났어도 관리를 안 하면 매력이 반감된다. 반대로 모양이 예쁘지 않은 손도 잘 관리하면 훨씬 아름답고 매력적으로 바뀔 수 있다.

Advice for Simple Care

✱ 핸드 케어 방법

바쁜 일상 속에서 손에 신경 쓰기란 힘든 법이다. 여기선 간단하게 실천할 수 있는 핸드 케어법을 소개하고자 한다.

핸드 케어가 손톱을 아름답게 만든다

옷으로 감싼 몸과 파운데이션으로 커버한 얼굴과는 달리 손은 하루 종일 자외선과 외부환경에 노출되어 있다. 사용빈도가 높음에도 불구하고 소홀해지기 쉬운 곳이기도 하다.

아무리 매니큐어를 예쁘게 칠한다 해도 거칠고 주름진 손은 아름다워 보일 수가 없다. 손 전체를 손질하면 손톱도 아름다워진다는 사실을 명심하자. 아름다운 손과 손톱은 약간의 관리만으로도 쉽게 얻을 수 있는 것이다. 평소에 얼마든지 할 수 있는 간단한 케어법을 배워보자. 스킨 케어처럼 습관을 들인다면 손톱도 놀랄 만큼 아름다워질 것이다.

세제의 사용 빈도를 줄이자

'집안일을 하는데 어떻게 손이 아름다워지겠어?' 라며 매니큐어는 물론 핸드 케어조차 하지 않는다는 건 말도 안 되는 생각이다. 집안일을 할 때도 약간의 노력만으로 피부건조로부터 손과 손톱을 지킬 수 있다. 예를 들어 식사 후 뒷정리는 한꺼번에 하도록 하자. 요리하며 그릇들을 바로바로 씻는 사람도 많은데 손과 손톱을 생각한다면 좋지 않은 습관이다. 모았다가 한꺼번에 설거지를 해 세제의 사용 빈도를 줄이면 손과 손톱에 가해지는 부담도 훨씬 줄어들게 된다. 그리고 맨손으로 설거지를 할 때는 미지근한 물이 아닌 찬물로 하자. 따뜻한 물에 세제가 더해지면 손은 쉽게 건조해진다.

아보쥬스 핸드로션
건조한 손을 비타민C로
촉촉하게 가꾼다

고무장갑은 필수아이템 설거지할 때의 필수품으로 꼭 챙겨야 하는 것이 바로 고무장갑. 세제의 자극으로부터 손을 보호하는 가장 손쉬운 방법이다. 한꺼번에 설거지를 하려면 장시간 세제를 사용해야 하므로 꼭 고무장갑을 착용하도록 하자. 설거지도 하고 손의 건조도 막는 일석이조의 케어법이 있다. 손과 손톱에 크림을 듬뿍 바른 다음 고무장갑을 끼고 조금 뜨거운 물로 설거지를 해보자. 고무장갑을 통해 따뜻한 기운이 느껴질 정도의 온도가 적당하다. 파라핀팩을 했을 때와 같은 트리트먼트 효과를 얻을 수 있다.

집안 곳곳에 핸드크림을 건조를 방지하기 위한 대책은 바지런히 챙기는 것이다. 건조는 주름의 원인이 된다. 예를 들어 얼굴에 로션과 크림을 바르고 여분이 남으면 손과 손톱에 바르자. 이것만으로도 충분한 보습 효과를 볼 수 있다. TV나 잡지를 보는 동안 손질하면 손과 손톱은 더욱 빛날 것이다. 그리고 오일과 크림은 작은 사이즈를 여러 개 사서 욕실이나 부엌, 화장실, 현관, 침실 등 집안 곳곳에 비치해 두자. 특히 손에 물을 묻히는 곳 옆에 놓아두면 손을 씻은 다음에 바로 케어를 할 수 있어 좋다. 펌프 타입의 크림과 로션이라면 뚜껑을 여는 수고를 안 해도 되므로 더욱 편리하다. '케어를 한다'는 사실에 너무 귀찮아 하지 말고 평소에 습관을 들이는 것이 중요하다.

How to Protect
Your Hands ✻생활 속 주의할 점

핸드 케어와 네일 케어는 규칙적으로 하는 것이 가장 좋지만 바쁜 생활 속에서 챙기기엔 조금 벅차다. 대신 평소에 조금만 신경 써도 그 효과를 오래 지속시킬 수 있다.

손톱은 혹사당하고 있다
손과 손가락은 평소 가장 많이 움직이는 부분이다. 아침에 일어나서 저녁에 잠들 때까지, 손가락을 움직이지 않는 순간이 있는가? 손가락을 움직일 때마다 그 끝에 달린 손톱은 충격을 받는다. 심하면 찢어지거나 부러지는 경우도 있다.

라이프스타일을 바꾸자
공들여 바른 매니큐어를 끝까지 예쁘게 유지하려면 어떻게 해야 할까. 매니큐어를 두껍게 바르면 해결될까? 어느 정도는 해결될지 모르지만 두꺼운 매니큐어는 아무래도 예쁘지가 않다. 그래서 제안하고 싶은 것이 바로 손을 사용할 때 손톱에 필요 없는 자극을 주지 않는 생활습관을 몸에 익히는 것이다. 잘못된 라이프스타일로 인해 매니큐어가 벗겨지는 사례는 조사에 따르면 무려 70~80%에 달한다. 지금까지 자신이 손과 손톱을 어떻게 사용했는지 살펴보고 조금만 더 신경 써도, 손과 손톱은 지금보다 훨씬 더 아름다워진다.

손끝의 움직임 체크
예를 들어 컴퓨터를 사용할 때 손톱 끝으로 키보드를 치지는 않는가? 스펀지로 몸을 씻거나 수건으로 몸을 닦을 때, 손톱을 세워 세게 움켜

쥐고 닦지는 않는가? 이래서는 아무리 톱코트를 잘 발라도 금방 벗겨지고 손톱 자체가 약해져서 갈라지고 만다. 옷을 입을 때나 문을 열 때도 마찬가지다. 손톱 끝이 뭔가에 닿는 일을 할 때엔 손톱이 손상되지 않도록 늘 주의하는 습관이 필요하다. 손톱 끝을 지키고 싶다면 가능하면 손끝이 아닌 손가락 마지막 마디를 사용해야 한다. 손톱에 가해지는 부담을 줄인다면 손톱도 덜 상하기 때문이다. 그리고 가방 안의 물건을 꺼낼 때, 가방 안을 마구 뒤적이진 않는가? 이런 동작은 손가락 끝의 큐티클과 손등의 피부가 필요 이상으로 가방과 쓸리게 되어 손이 트는 원인이 된다.

아무리 공들여 관리를 해도 평소의 손놀림이 거칠면 관리의 성과가 반감한다는 것을 명심하자. 그리고 꼭 손톱을 길게 길러야만 네일 아트를 할 수 있는 것은 아니다. 자신의 생활에 맞는 길이의 손톱을 유지하는 것도 중요하다.

손을 어떻게 움직이느냐에 따라 분위기가 바뀐다

손과 손가락을 조심스럽게 움직이면 손과 손톱에 주는 부담도 줄일 수도 있을 뿐만 아니라 그 사람의 분위기와 행동이 우아해진다. 뭔가를 거칠게 움켜쥐는 것과 부드럽고 조심스럽게 들어 올리는 것 중 어떤 동작이 더 아름다워 보일까. 아름답게 가꾼 손과 손톱, 거기에 나이에 맞는 차분하고 우아한 분위기가 손에 배어있다면 더욱 아름답게 보일 것이다.

Hand Massage ✱ 손마사지

1주일에 한 번 정도는 손에 마사지와 팩 등 특별한 케어를 하는 것이 좋다. 여기에선 마사지 방법을 소개하고자 한다.

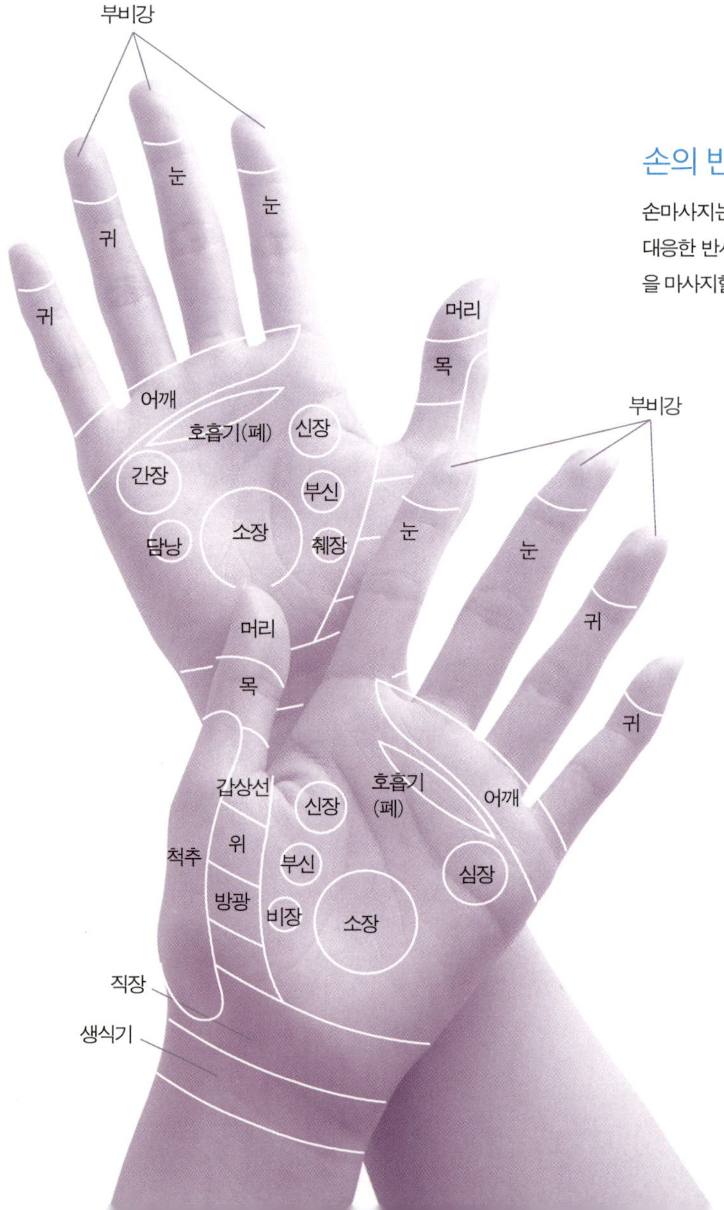

손의 반사 포인트

손마사지는 손바닥에 있는 몸의 각 부위에 대응한 반사 포인트를 자극하는 것이다. 손을 마사지할 때 포인트를 의식하며 해보자.

 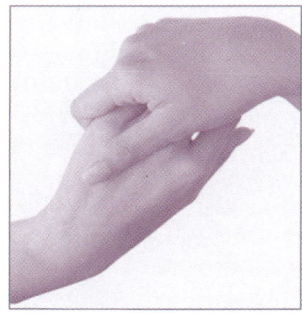 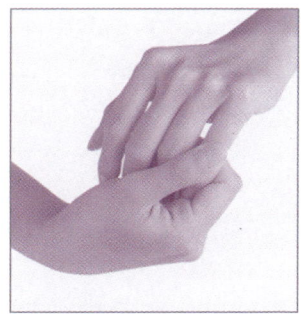

1 양손을 따뜻하게 한다
손에 핸드크림이나 오일을 바르고 양손을 비벼 따뜻하게 만든다.

2 손등 마사지
엄지손가락으로 원을 그리듯 손등을 마사지한다.

3 원을 그린다
손가락을 엄지와 검지로 잡고 안쪽에서 바깥쪽으로 원을 그리며 마사지를 한다. 매트릭스 부분은 더욱 꼼꼼히 문지른다.

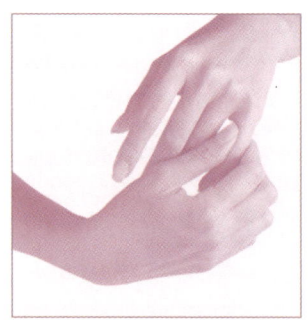

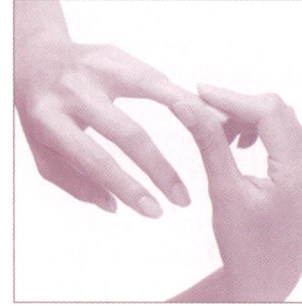

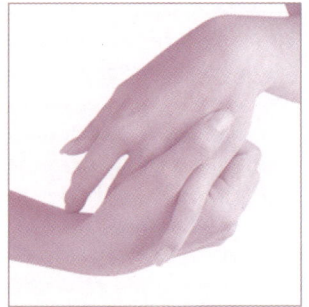

4 측면 마사지

손가락 측면을 엄지와 검지로 잡고 안쪽에서 바깥쪽으로 밀어 올리듯 마사지한다.

5 손가락을 돌린다

손가락 끝을 잡고 돌린다. 오른쪽으로 돌린 다음 왼쪽으로도 돌린다.

6 손가락 사이를 누른다

손가락과 손가락 사이에 엄지를 대고 피부를 손목 쪽으로 밀어 올리듯이 지압한다.

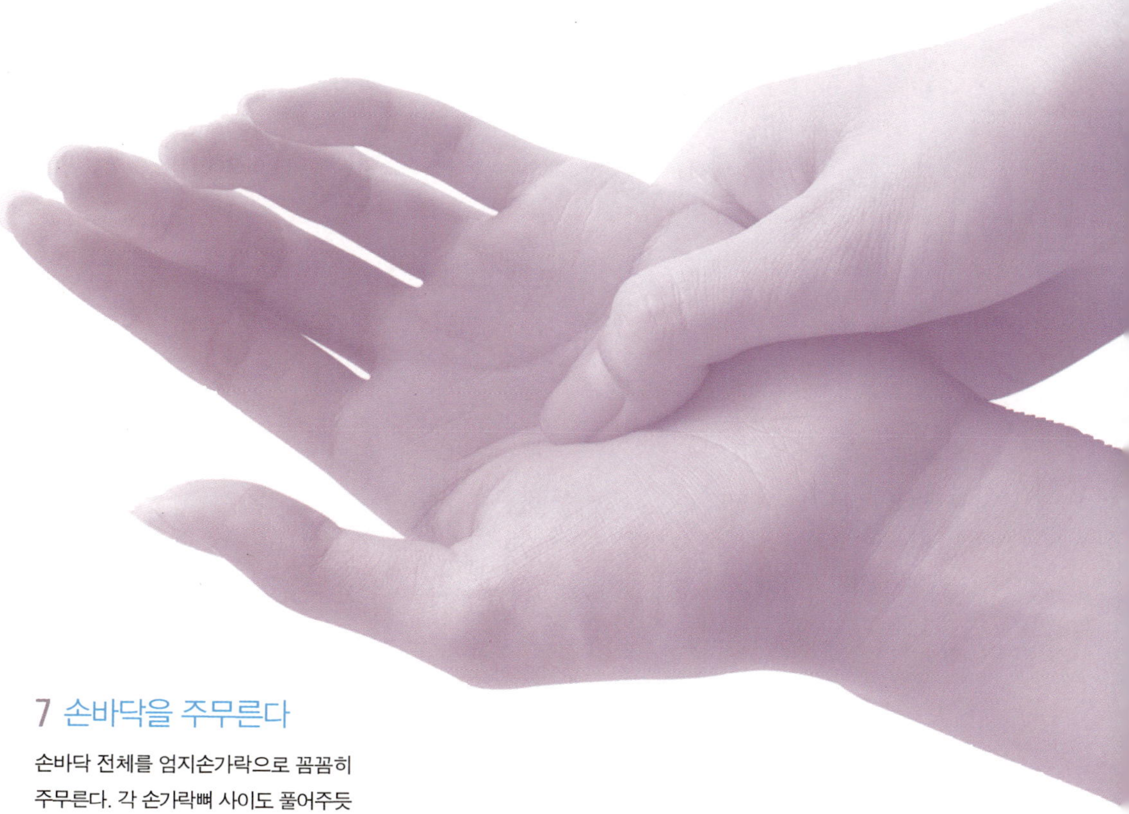

7 손바닥을 주무른다

손바닥 전체를 엄지손가락으로 꼼꼼히 주무른다. 각 손가락뼈 사이도 풀어주듯 누른다.

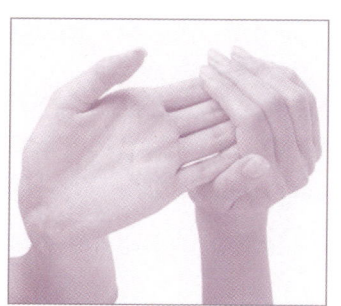

8 손을 꺾는다

손가락 끝을 쥐고 한쪽 손바닥을 뒤집어 스트레칭한다.

Hand Care ✱손에 대한 고민 Q&A

생활 속에서 혹사당하는 손은 고민도 많기 마련. 손에 관한 모든 궁금증과 문제점을 해결해 더욱 건강한 손으로 가꾸자.

Q 핸드크림을 바르는 것 말고 뭔가 특별한 케어법이 있나요?

》 스크럽을 이용한 각질 제거를 해보자. 특히 건조한 겨울철에는 손등이 트기 쉬우므로 가볍게 각질을 제거하는 것이 좋다. 각질을 제거하면 크림과 로션도 피부에 보다 쉽게 스며든다.

Q 아침마다 손가락이 부어서 반지도 낄 수가 없어요

》 손이 붓는 것에도 다양한 원인이 있지만, 병에 걸린 게 아니라면 손과 손가락의 혈액 순환을 촉진시켜주는 것이 제일 효과적이다.
차가운 물과 따뜻한 물에 번갈아 손을 넣는 방법과 앞에서 소개한 고무장갑 팩으로 손을 따뜻하게 하거나 손마사지를 하는 것도 좋다.

Q 손에 검버섯이나 주름이 지지 않을까 고민이에요

피부를 햇볕에 노출시키면 노화가 촉진된다. 따라서 얼굴 뿐만 아니라 손도 SPF가 들어간 핸드크림을 발라 자외선으로부터 보호하자. 무엇보다 규칙적으로 핸드 케어를 해주는 것이 중요하다. 하지만 나이가 들어 검버섯과 주름이 생기는 건 당연한 현상이다. 청결하게 관리된 손이라면 나이에 걸맞은 주름 정도는 오히려 매력적으로 보일 것이다.

Q 피부가 약한데다 손에 물을 묻힐 일이 많아 겨울엔 피가 날 정도로 손이 터요

손이 심하게 틀 경우에는 먼저 피부과에서 상담을 받아보는 것이 좋다. 평소에도 틈이 나는 대로 핸드크림을 발라 손과 손톱 주위가 건조해지지 않도록 신경 쓰고, 물에 접촉해야 할 때엔 반드시 고무장갑을 이용하자.

Column 5

가지고 있으면 유용한 색상들

새로운 색을 보면 또 사고 싶어지는 것이 바로 매니큐어. 하지만 무턱대고 다 살 수는 없으니, 갖고 있으면 유용하게 쓸 수 있는 색상들을 알아보자.

초보자에게 꼭 추천하고 싶은 색상은 가는 반짝이 입자가 깨끗한 느낌을 주는 베이지색이다. 바르기도 쉽고 가장 실패할 확률이 적다. 그리고 반짝이가 들어간 매니큐어를 몇 개 갖고 있으면 정말 유용하게 쓸 수 있다. 손톱 끝에만 컬러가 벗겨지면 덧칠할 때 좋고, 그러데이션을 마무리할 때 바르면 자연스럽게 만들어준다. 약간의 눈속임을 주기에 편리한 색상이다.

매트한 색과 광택이 나는 우유색 매니큐어가 있으면 보다 다양한 디자인을 즐길 수 있다. 어떻게 사용하느냐에 따라 귀여운 디자인도, 어른스런 느낌의 차분한 디자인도 쉽게 만들 수 있다.

PART 6
Pedicure

페디큐어 바르기

직업상 손에는 화려한 매니큐어를 바르지 못하는 사람은 페디큐어로 마음껏 귀여운 디자인을 즐겨보자. 손에는 바르기 힘든 진한 색이나 화려한 색도 발에는 잘어울린다. 발톱 모양에 콤플렉스가 있는 사람도 많을 것이다. 하지만 원래 발이란 체중을 지탱해주는 곳. 발톱이 약간 작아지는 건 당연하다. 깨끗하게 손질된 발톱과 발이라면 자신감을 갖고 페디큐어를 해보자.

Pedicure

Basic Care ✱ 발톱 다듬기

관리가 어려운 발톱이지만 기본적인 케어 방법은 손톱과 같다. 정성껏 손질된 발톱이라면 페디큐어도 더욱 아름다워 보일 것이다. 발톱 모양은 평평한 계란형이 가장 적당하다.

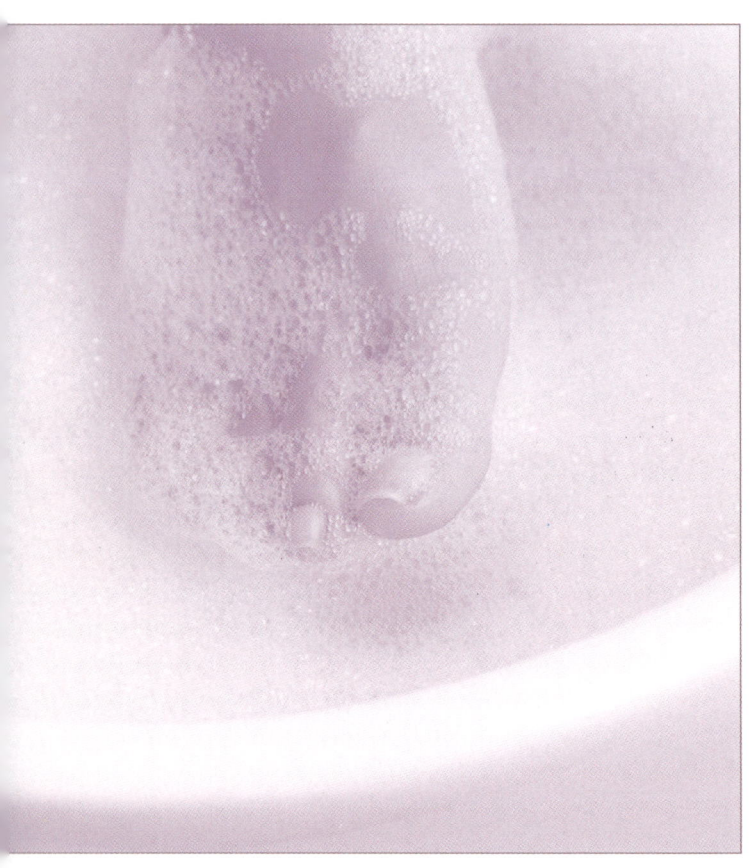

1 따뜻한 물에 담그기

40도 정도의 따뜻한 물에 발을 담가 큐티클과 발톱 주위를 부드럽게 만든다. 큐티클이 딱딱한 사람은 이보다 조금 뜨거운 물에 오래 담그도록 한다.

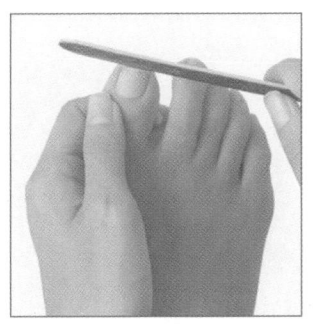 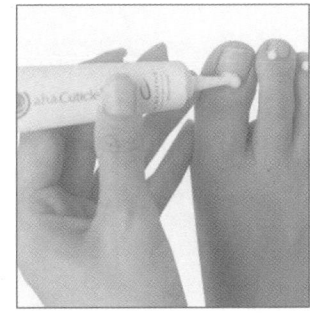 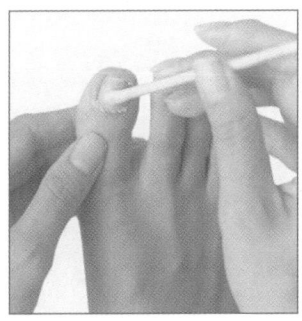

2 발톱 모양 잡기

손톱과 마찬가지로 에머리보드로 길이와 모양을 다듬기 위해 발톱에 수직으로 대고 간다. 발톱이 너무 길면 손톱깎이로 조금 자른 다음 줄로 밀어도 된다.

3 리무버 바르기

큐티클과 발톱 주위에 큐티클리무버를 발라 잘 문지른다.

4 큐티클 밀어내기

화장솜을 감은 스틱으로 원을 그려가며 부드럽게 큐티클을 밀어내고 루즈 스킨을 제거한다.

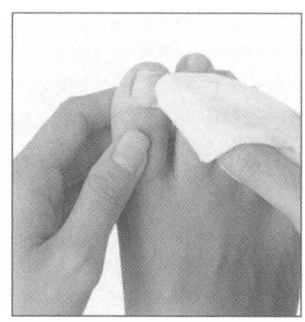 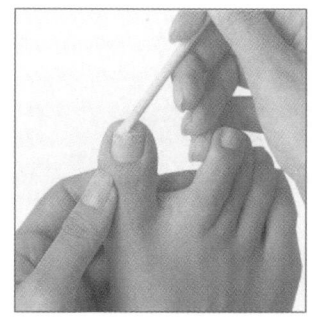 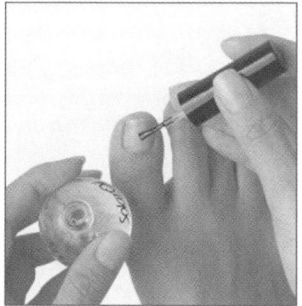

5 큐티클 닦기

젖은 화장솜을 검지에 감아 밀어낸 루즈스킨을 부드럽게 닦는다.

6 발톱 안쪽 닦기

화장솜을 감은 스틱에 알코올이나 리무버를 묻힌 다음 발톱과 피부 사이의 이물질을 제거한다.

7 오일 바르기

큐티클 오일을 발톱과 큐티클 주위에 바른다.

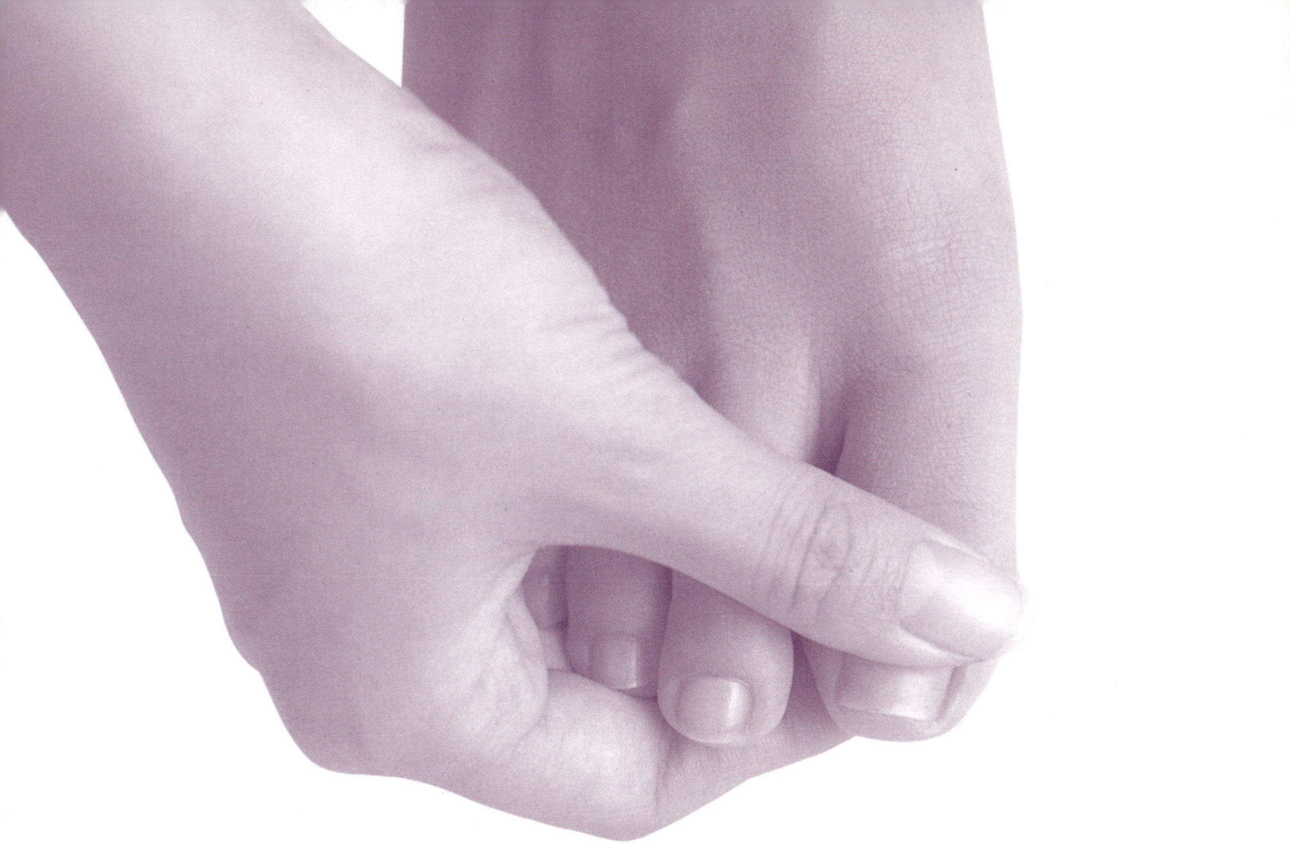

8 마사지

큐티클과 발톱 주위가 부드러워질 때까지 발톱 측면과 전체를 마사지한다.

9 표면 갈기

버퍼의 거친 면으로 발톱의 울퉁불퉁한 표면을 갈고, 가는 면으로 발톱 표면이 매끄러워질 때까지 간다.

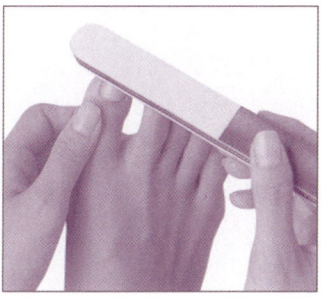

Coloring *페디큐어 바르기

페디큐어를 잘 바르는 요령은 너무 두껍지 않게 바르는 것이다. 매니큐어의 붓을 잘 훑어 사용하자. 발가락에 세퍼레이터를 끼우면 바르기가 더욱 편하다. 화장솜이나 티슈를 대신 사용할 수도 있다.

1 발가락 사이 벌리기

화장솜이나 티슈를 발가락 사이에 끼워 각 발가락 사이를 벌린다.

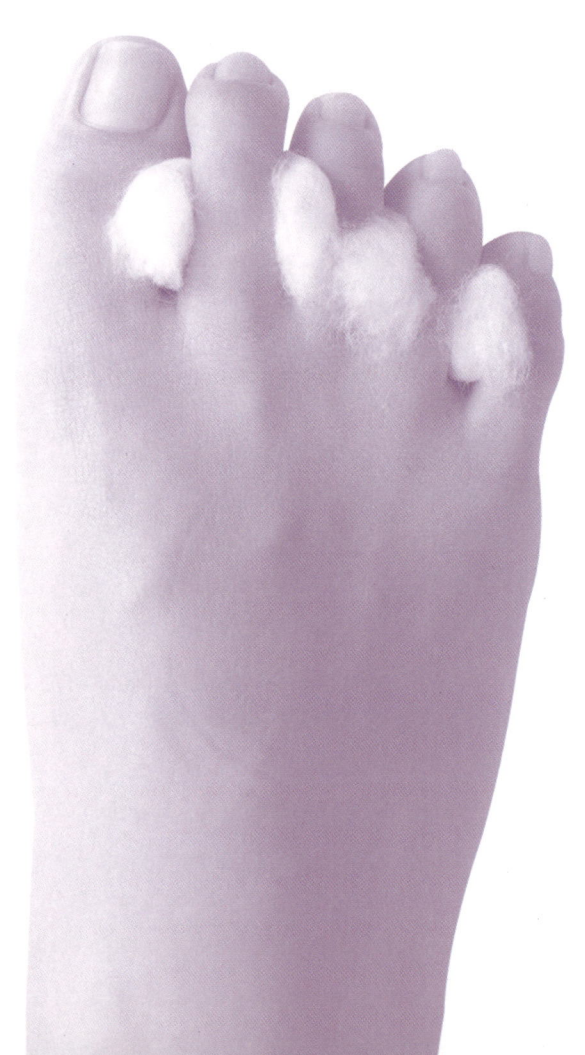

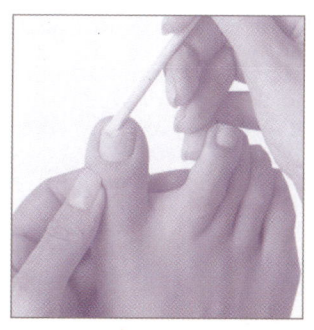 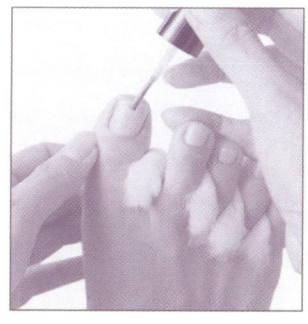 

2 발톱 안쪽 닦기

면봉이나 화장솜을 감은 스틱에 리무버를 묻혀 발톱 안쪽과 측면의 이물질과 유분을 닦는다.

3 베이스코트 바르기

베이스코트를 바른다. 발톱 끝에도 꼼꼼히 바른다.

4 붓 훑기

붓을 병 입구에 대고 잘 훑어 부채 모양으로 편다. 너무 두껍게 바르지 않는 것이 페디큐어를 잘 바르는 포인트이다.

Pedicure

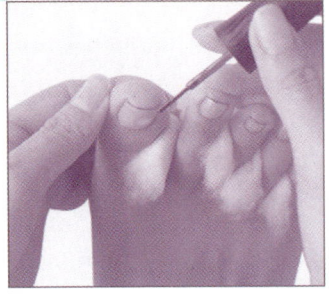

5 발톱 끝에 바르기
에지라 불리는 발톱 끝 부분에 바른다.

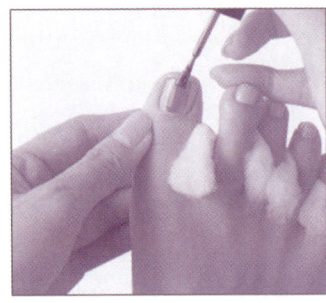

6 발톱 가운데 바르기
부채 모양으로 편 붓으로 발톱 가운데부터 바른다. 붓이 퍼져 있으면 바르는 범위도 넓어져 실패할 확률이 적어진다.

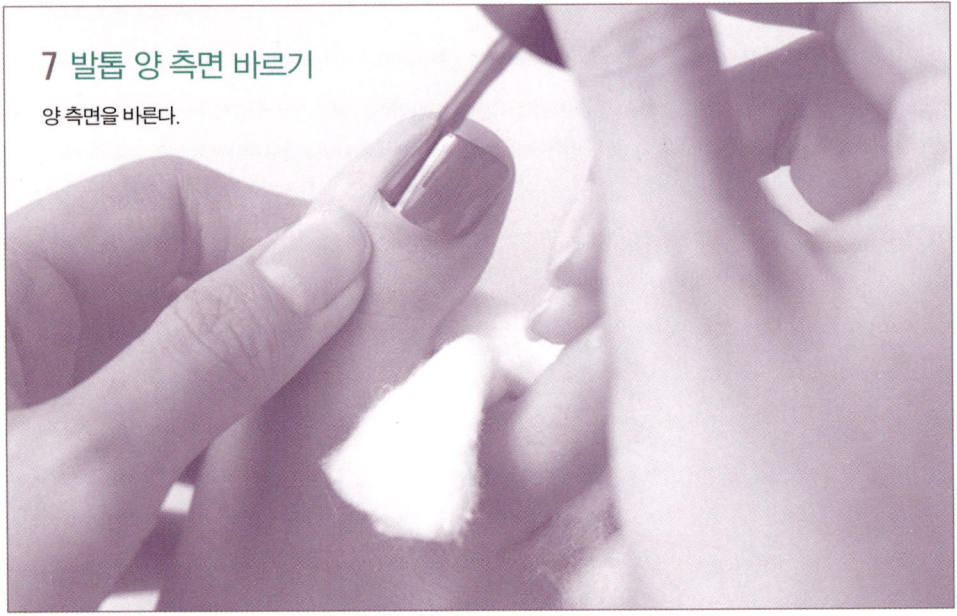

7 발톱 양 측면 바르기
양 측면을 바른다.

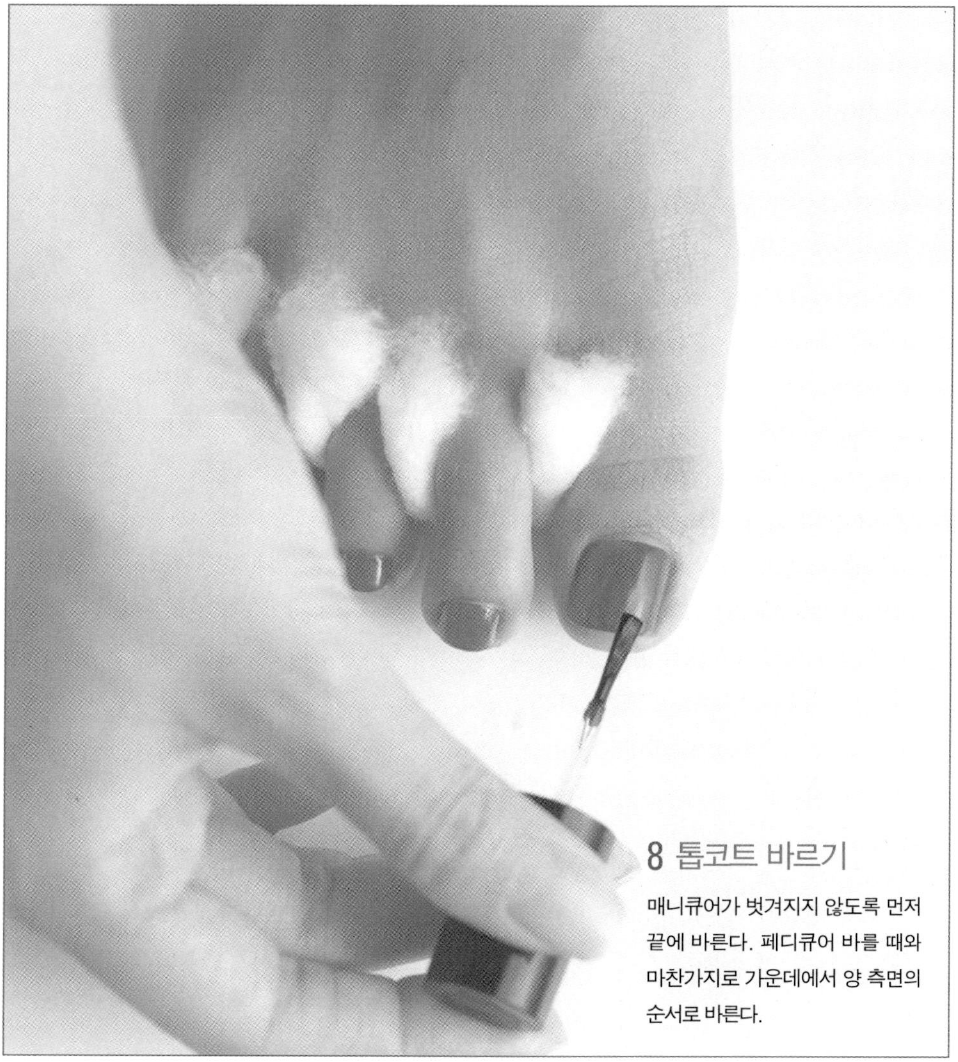

8 톱코트 바르기

매니큐어가 벗겨지지 않도록 먼저 끝에 바른다. 페디큐어 바를 때와 마찬가지로 가운데에서 양 측면의 순서로 바른다.

토 패드 Toe pad
발가락 사이에 끼우면 발가락이 벌려져 매니큐어 바르기가 편리하다.

Pedicure

How to Protect Your Feet ✱발이 아름다워지는 비결

발톱에 자신이 있는 사람이 있을까? 의자에 앉아 있거나 잠을 잘 때를 제외하고는 발은 하루 종일 체중에 짓눌려 있다. 매일 혹사당하는 발을 아름답게 만드는 비결 몇 가지를 소개하고자 한다.

길게 기르지 말 것

발톱모양은 누구나가 고민하는 부분. 발톱이 너무 작거나 모양이 안 예쁘단 사실에만 신경이 쓰여 발톱을 길러 성형을 하려는 사람도 있다. 하지만 발톱은 짧게 유지하는 것이 중요하다. 너무 길게 기르는 것은 절대 좋지 않다. 발톱이 길면 발톱 끝이 신발에 닿아, 걸을 때마다 매트릭스에 손상을 준다. 매트릭스는 새로운 발톱을 만드는 중요한 장소이다. 매트릭스에 손상이 가면 건강하지 못하고 보기 흉한 발톱이 되고 만다.

가장 적당한 발톱의 길이

발톱이 너무 길면 안 좋지만 그렇다고 너무 짧아도 발톱이 안으로 말려 들어가게 되므로 좋지 않다. 또한 발톱 양 측면을 비스듬하게 자르는 것도 발톱이 안으로 말려 들어가게 되는 원인이 된다. 발톱의 양쪽은 똑바로 자르고 모서리만 에머리보드로 둥글게 라운드 모양으로 만들어 주자. 프리에지의 길이는 손가락과 비슷한 길이로 잡는 것이 좋다.

항상 청결하게 관리하자

발톱을 짧게 유지하는 데에는 또 다른 이유가 있다. 그것은 발의 청결을 유지하기 위해서이다. 발톱을 너무 길게 기르면 발톱 안쪽에 쉽게 이물질이 낀다. 그래서는 아무리 페디큐어를 예쁘게 발라도 헛수고다. 또 발톱을 너무 길게 기르면 잘못 부딪쳐서 발톱이 빠질 수도 있다. 신발 안은 습하고 따뜻하

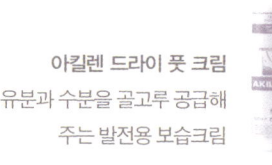
아킬렌 드라이 풋 크림
유분과 수분을 골고루 공급해
주는 발전용 보습크림

기 때문에 세균에게는 살기에 최고의 환경이다. 그래서 빠진 부분에 무좀균이 들어가 발톱에 무좀이 생길 수 있다. 발톱이 조금 작더라도 깨끗하게 유지된 발톱이라면 자신감을 갖고 네일 아트를 하자.

한 신발을 오래 신지 말 것

티눈이나 물집은 발의 한곳에만 계속해서 부담을 주기 때문에 생긴다. 항상 높은 구두만 신는다거나 폭이 좁은 신발만 신는 사람은 주의가 필요하다. 하이힐을 신은 다음 날에는 굽이 없는 신발을 신는 등 힐의 높이나 폭이 다른 구두로 바꾸는 것이 좋다. 단순히 신발을 바꿔 신는 것뿐만 아니라 발의 똑같은 부위에 계속 부담을 주지 않도록 조심하자.

일주일에 한 번은 스페셜 케어를

발바닥, 특히 뒤꿈치는 각질이 두꺼운데다 나이가 들면서 각질 표면이 쉽게 건조해져 심하면 금이 가기도 한다. 1주일에 1~2회, 목욕할 때 속돌이나 풋파일로 각질을 제거하자. 또한 스크럽을 이용해 발 전체를 부드럽게 마사지해 이물질을 제거하는 것도 좋은 방법이다. 목욕을 마치고 나면 뒤꿈치를 중심으로 보습크림을 발라주자. 요소가 포함된 크림은 보습효과가 좋으므로 적극 추천할 만하다. 겨울철에 크림을 발라도 금방 건조해진다면 크림 위에 오일이나 바셀린을 바른다. 촉촉하고 매끄러운 뒤꿈치를 얻게 될 것이다.

Pedicure

Foot Care ✲ 각질 제거

발은 각질이 생기기 쉬운 곳이다. 1주일에 한 번, 목욕할 때나 목욕을 마치고 나서 각질 제거를 하자. 단, 너무 많이 제거하지 않도록 주의 하자.

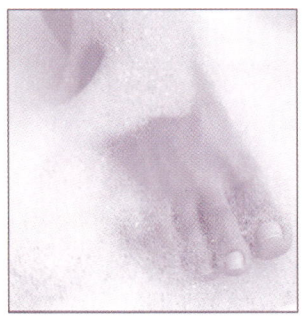

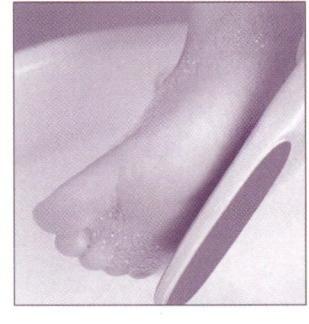

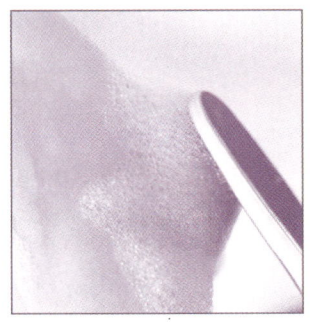

1 따뜻한 물에 담그기
발을 따뜻한 물에 담가 각질을 부드럽게 풀어준다.

2 발바닥 문지르기
발바닥 앞에서부터 장심(발바닥의 움푹 들어간 곳)까지 발바닥을 부드럽게 문지른다.

3 뒤꿈치 문지르기
뒤꿈치 전체를 문지른다. 너무 심하게 문지르지 않도록 조심할 것. 각질의 상태를 봐가면서 힘을 조절한다. 문지르는 곳이 한곳에 집중되지 않도록 주의한다.

4 발가락 문지르기
발가락을 부드럽게 문지른다. 각질이
딱딱하게 굳기 쉬운 부분은 더욱 꼼꼼
하게 문지른다.

풋파일
발의 각질을 제거할 때 쓰는 줄. 속돌보다 부드럽게 제거할 수 있다. 거친 면
과 부드러운 면이 있어 사용하기에도 편하다. 거친 면으로 문지른 후 부드러
운 면으로 정리하는 것이 일반적인 방법이다.

Pedicure

Foot Massage ✱ 발마사지

하루 동안 고생한 발을 부드럽게 마사지해주자. 혈액 순환을 좋게 하고 신진대사를 높이는 것은 건강한 발톱을 만드는 첫걸음이다.

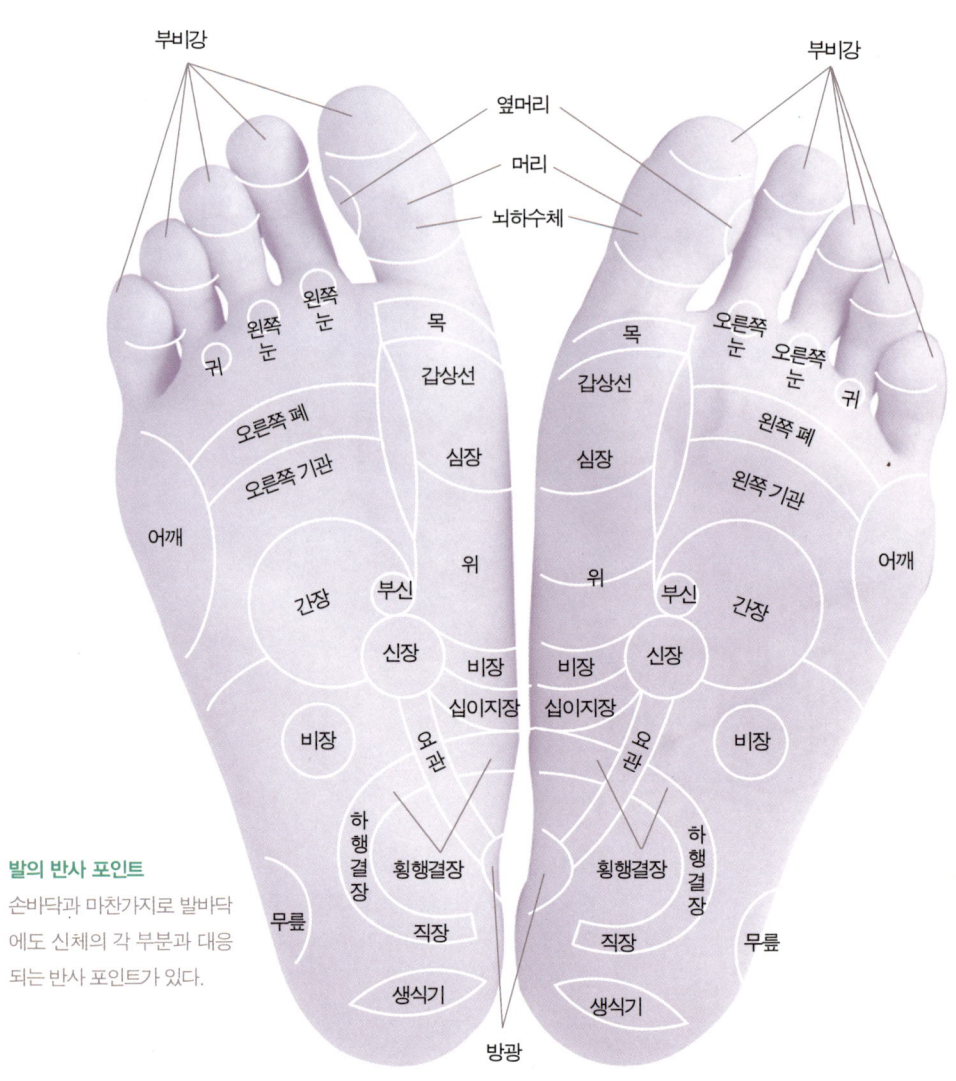

발의 반사 포인트
손바닥과 마찬가지로 발바닥에도 신체의 각 부분과 대응되는 반사 포인트가 있다.

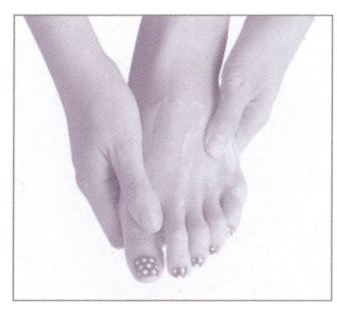

1 손으로 발 감싸기
양손으로 발을 감싸 가볍게 지압하며 발을 따뜻하게 한다.

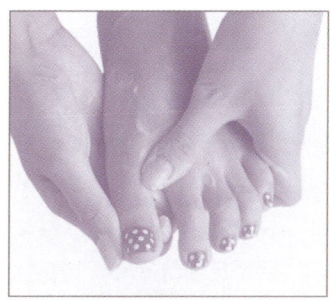

2 발가락 주무르기
발가락을 엄지와 검지로 잡고 누르면서 발가락 전체를 주무른다. 발가락 끝을 잡고 빙글빙글 돌린다.

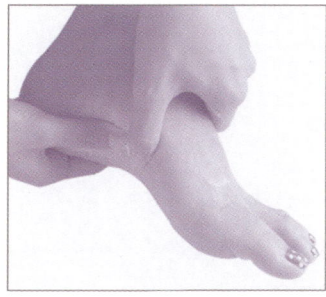

3 장심 누르기
장심(발바닥의 움푹 들어간 곳)을 양손의 엄지로 힘껏 누른다.

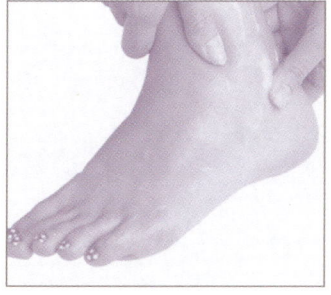

4 복사뼈 마사지
마지막으로 복사뼈 안쪽과 바깥쪽을 잡고 마사지한다.

Pedicure FAQ

✱ 페디큐어에 관한 Q&A

Q 페디큐어는 손톱과 맞추는 게 좋을까요?

≫ 손톱의 매니큐어색에는 크게 신경 쓰지 않아도 된다. 빨간색이나 반짝이 들어간 금색 같이 화려한 색도 페디큐어에 쓰면 의외로 잘 어울린다. 화려한 색이 꺼려지는 사람도 페디큐어만큼은 과감하게 즐기자. 페디큐어한 이튿날에도 톱코트를 발라주면 매니큐어가 오래 간다.

Q 새끼발톱이 너무 작은 게 고민인데, 크게 만들 방법은 없을까요?

≫ 새끼발톱이 작아진 건 큐티클 케어에 소홀했기 때문이다. 딱딱해진 큐티클이 발톱 부분을 덮어 발톱은 작아지게 된다. 성실히 케어만 한다면 발톱의 면적은 조금씩 넓어진다. 목욕할 때 충분히 큐티클을 풀어준 다음 부드럽게 밀어주자.

Q 발톱에도 무좀이 생긴다고 들었는데 그게 사실인가요?

발톱 안에 백선균이 들어가면 발톱 무좀인 조백선에 걸리게 되는데 가렵지는 않지만 발톱이 하얗게 되는 증상이 나타난다. 발을 항상 깨끗하게 유지하고 세균이 번식하기 쉬운 신발도 잘 말려야 한다. 목욕을 할 때는 발가락을 하나씩 꼼꼼히 씻고 목욕을 마치고 나면 타월로 물기를 잘 닦아내자. 조금이라도 의심이 나면 바로 피부과 의사와 상담을 하는 것이 바람직하다.

Q 발톱이 살을 파고들어 너무 아파요

발톱이 살 안으로 파고들며 자라거나 발톱을 잘못 잘라 모서리가 예리하게 서면 그 부분이 살을 찔러 통증이 생긴다. 이럴 때엔 발톱 모서리를 파일로 완만하게 정리하는 것이 좋다. 안으로 파고드는 발톱은 네일숍에서 정기적으로 케어를 받으면 증상이 개선 될 수 있다.

Column 6

손톱을 건강하게 만드는 3대 요소

'쉽게 손톱이 깨진다', '스트레스 포인트에 금이 잘 간다' 약한 손톱으로 인해 고민하는 사람들이 많다. 손톱을 튼튼하게 하려면 칼슘을 먹는 게 좋다는 말을 자주 듣지만 사실 손톱은 피부의 일부이다. 케라틴이란 단백질로 이루어져 있는데 손톱이 딱딱하다고 해서 뼈처럼 칼슘으로 강화할 수 있는 건 아니다.

손톱을 아름답게 만드는 3대 요소는 단백질, 비타민, 미네랄이다. 단백질은 손톱을 튼튼하게 하고, 비타민은 손톱에 탄력과 윤기를 더해준다. 미네랄이 부족하면 손톱이 얇아지므로 주의해야 한다. 손톱은 피부의 일부이기 때문에 콜라겐 같이 피부에 좋은 것이 손톱에도 좋다는 사실을 기억하자.